INVENTAIRE
S 22633

ASSOCIATION

CONCOURS

ET

FÊTES AGRICOLES

DE L'ARRONDISSEMENT DE BREST

EN 1859.

BREST

IMPRIMERIE E. ANNER, RAMPE, 55.

ASSOCIATIONS

CONCOURS

ET

FÊTES AGRICOLES

DE L'ARRONDISSEMENT DE BREST

EN 1859.

BREST

IMPRIMERIE E. ANNER, RAMPE, 55.

1860

TABLE.

	Pages
Avant-propos	1
I. — Nombre des Comices	1
II. — Organisation des Comices	2
III. — Programme des Concours	6
IV. — Concours de Landerneau	12
V. — Concours de Brest	20
VI. — Concours de Ploudiry	26
VII. — Concours de Lesneven	32
VIII. — Concours de Plabennec	38
IX. — Concours de Lannilis	48
X. — Concours de Daoulas	53
XI. — Concours de Saint-Renan	64
XII. — Concours de Ploudalmézeau	73
XIII. — Concours général des juments poulinières et des pouliches	81
XIV. — Concours général des étalons	84
XV. — Instruments perfectionnés à introduire dans l'arrondissement	87
XVI. — Assolements	91

AVANT-PROPOS.

Les associations agricoles de l'arrondissement de Brest ont donné cette année des concours et des fêtes dont les comptes-rendus ont été successivement publiés. Conformément au vœu de ces associations , nous réunissons ces comptes-rendus, afin que chaque lauréat puisse conserver le souvenir d'un jour qui lui a été agréable et que ceux qui ont été moins heureux y puisent une émulation nouvelle pour de plus grands efforts et de sérieux progrès.

Avant d'arriver aux comptes-rendus dont nous venons de parler et pour que tous les hommes dévoués au bien du pays , qui voudraient apporter leur concours à ces utiles institutions , s'en fassent une juste idée, nous en indiquerons rapidement le nombre et l'organisation et nous montrerons par leurs programmes le but qu'elles se proposent.

Nous terminerons en appelant l'attention des cultivateurs sur deux sujets de la dernière importance pour eux : les instruments perfectionnés et les assolements.

Si cette relation des fêtes et des concours agricoles des comices peut être continuée chaque année , ce sera une histoire simple et modeste sans doute , mais digne d'intérêt , puisque c'est l'histoire même du progrès agricole , et qu'on y retrouve comme un reflet des antiques vertus et de l'attachement profond à l'Empereur qui font la force et l'honneur du cultivateur breton.

I.

Nombre des Comices.

L'arrondissement de Brest est composé de 12 cantons : trois cantons urbains formant la ville de Brest, un canton purement maritime , celui de l'île d'Ouessant, et huit cantons ruraux.

Chaque canton rural possède aujourd'hui son association agricole distincte et indépendante, et donne tous les ans, au chef-lieu du canton, un concours, une exposition et une fête agricoles.

Il existe en outre depuis long-temps une association agricole connue sous le nom de société d'agriculture de Brest, parfaitement organisée et dirigée, qui donne ses concours à Lambézellec, et y admet généreusement, grâce aux subventions importantes qu'elle reçoit de la ville de Brest, de Lambézellec, du département et de l'Etat, tous les cultivateurs de l'arrondissement.

Enfin, deux concours spéciaux sont donnés par l'Etat et le département pour l'espèce chevaline : le premier, aux portes de Brest, pour les juments poulinières et les pouliches réunies de l'arrondissement, et le deuxième, à Landivisiau, pour les étalons réunis des deux arrondissements de Brest et de Morlaix.

II.

Organisation des Comices.

Les Comices cantonaux de l'arrondissement de Brest ont en général adopté le règlement suivant qui donnera une idée très exacte de leur organisation.

L'an 1859, le......... les souscripteurs ci-après nommés, réunis à...... sous la présidence de M.......

Considérant

Que le canton de..... est essentiellement agricole ;

Qu'il importe aux agriculteurs de ce canton d'être tenus au courant des progrès qui s'accomplissent chaque jour dans l'art agricole par l'invention de nouveaux instruments, par l'application d'assolements mieux raisonnés et par le perfectionnement des races d'animaux ;

Qu'il n'y a pas de meilleur moyen de propager les bonnes méthodes, de les faire connaître, d'honorer et de faire aimer l'agriculture, que d'unir dans une même pensée et dans les mêmes efforts tous les hommes de bien d'un canton et de convier chaque année à un concours et à une fête agricole tous les cultivateurs ;

Ont arrêté ce qui suit :

ARTICLE 1er. — Une association agricole est fondée dans le canton de........ sous ce titre :

Comice agricole du canton de......

ART. 2. — Le Comice se compose : des autorités du canton ; des fonctionnaires ; des officiers en retraite ; des membres de la Légion - d'honneur ; des propriétaires ; des fermiers ; des cultivateurs et leurs enfants âgés de vingt-et un ans ; — domiciliés ou ayant leurs propriétés dans le canton, qui souscrivent au présent Règlement.

ART. 3. — Le Comice a pour but de se tenir au courant du progrès et de faire connaître aux cultivateurs tout ce qui peut améliorer l'industrie agricole du canton.

ART. 4. — Pour atteindre ce but, le Comice emploie les deux moyens suivants :

1° Réunion annuelle de tous les membres, en assemblée générale, à l'effet d'examiner toutes les améliorations agricoles qui doivent être recommandées ;

2º Concours, Exposition et Fête agricoles annuels offerts à tous les cultivateurs du canton et distribution solennelle de récompenses.

ART. 5. — La réunion générale du Comice est fixée au (1er, 2e, 3e ou dernier dimanche, lundi, mardi, etc.) du mois de..... à..... heure.

Le concours, l'exposition et la distribution des récompenses ont lieu tous les ans, à....... le (1er lundi, mardi, etc., 2e lundi, mardi, etc.) d'octobre.

ART. 6. — Le programme du concours est délibéré et arrêté par le Comice dans sa réunion générale du mois de .....

Ce programme est soumis à l'approbation du préfet, puis immédiatement publié et affiché dans toutes les communes du canton.

ART. 7. — Des prix sont décernés à tous les mérites et pour toutes les améliorations que le Comice croit utile d'encourager, et notamment autant que possible :

1º Pour l'exploitation agricole la mieux dirigée du canton ;

2º Aux meilleurs serviteurs ruraux des deux sexes ;

3º Aux plus habiles laboureurs ;

4º Pour les animaux domestiques ;

5º Pour les produits agricoles et horticoles.

Ces prix sont donnés en général sous forme de médailles, d'animaux de race améliorée, d'instruments agricoles, de livres d'agriculture, de graines ou de tous autres objets, et rarement en argent.

Les habitants seuls du canton peuvent concourir.

ART. 8. — Les ressources du Comice se composent :

1º De la cotisation de chaque membre qui est de 2 francs par an ;

2° Des subventions du département ;

3° Des subventions de l'Etat.

Tout membre du Comice qui voudra cesser d'en faire partie devra en faire la déclaration avant le jour fixé pour la réunion générale.

Tout lauréat d'une prime de 10 francs et au-dessus, qui ne ferait pas partie du Comice , en deviendra membre pour l'année courante et l'année suivante.

ART. 9. — Le Comice est dirigé et administré par un comité composé de :

1° Un président ;

2° Un vice président ;

3° Un secrétaire ;

4° Un trésorier ;

5° Et...... conseillers, — un conseiller choisi dans chaque commune.

ART. 10. — Les membres du comité sont élus par le Comice, à la majorité des suffrages, dans sa réunion générale.

Cette élection est faite pour deux ans.

Les membres sortants sont rééligibles.

ART. 11. — Le président dirige l'association et la représente dans ses rapports avec l'administration.

Il règle et maintient l'ordre dans les réunions générales.

Il convoque le comité toutes les fois que les besoins l'exigent.

Le Comice ne peut être convoqué en assemblée générale, en dehors de sa réunion annuelle, que par une délibération du comité et avec l'autorisation du Sous-Préfet.

ART. 12. — Le Comice et le comité n'agitent dans leurs réunions que les questions agricoles d'intérêt local.

ART. 13. — Le comité prépare le programme du concours annuel et le soumet à la délibération du Comice dans sa réunion générale du mois de......

Le comité nomme les jurys chargés de juger les différents concours.

ART. 14. — Les jurys , avant la distribution des récompenses , font leur rapport devant le comité et la liste des lauréats est arrêtée.

ART. 15. — Il est dressé procès-verbal de toutes les délibérations du Comice et du comité et ces procès-verbaux sont portés sur un registre spécial.

Une expédition du procès-verbal de la séance du Comice est adressée au Sous-Préfet.

ART. 16. — Le présent règlement sera soumis à l'approbation du Préfet.

III.

Programme des Concours.

Sauf quelques modifications, les Comices ont tous adopté le programme qui suit.

La médaille d'honneur en argent pour l'Exploitation agricole la mieux dirigée du canton et les médailles destinées aux bons serviteurs et au premier prix du concours de charrues ont été données cette année par M. le Sous-Préfet ; en 1860 elles seront décernées au nom de S. Exc. le Ministre de l'agriculture, du commerce et des travaux publics , qui a bien voulu déjà les promettre à chaque Comice.

Pour ne pas être privés de la possibilité de donner en prix des instruments fort chers et cependant très utiles , quelques Comices ont eu l'heureuse idée d'établir que le lauréat qui gagne un instrument, un araire, par exemple, de 55 fr., doit remettre à la caisse du Comice une somme de 40 fr., 45 fr., etc., suivant la valeur que l'on veut laisser à son prix. Cette diminution est indiquée à la suite du prix proposé par le signe — *(moins)* suivi de la somme dont le lauréat aura à tenir compte. Les prix ainsi donnés n en restent pas moins fort beaux , et, par ce moyen, les Comices dont les ressources vont grandir dès l'année prochaine pourront bientôt donner même des semoirs-Bodin de 120 francs, instruments précieux et excellents, qu'un cultivateur serait trop heureux d'obtenir en prix. dût-il être obligé de tenir compte au Comice de 30 ou 40 francs.

Les programmes sont ainsi conçus et disposés :

Comice du canton de.......

CONCOURS, EXPOSITION ET FÊTE AGRICOLES

le....... octobre 1859,

à.......

A 9 h.: Concours de charrues et d'animaux ;

— Exposition des produits agricoles et horticoles ;

A 2 h.: Distribution des médailles et prix.

PROGRAMME DES PRIX :

I.

Famille agricole.

Prix unique : Une grande médaille d'honneur , en argent, à l'effigie de S. M. l'Empereur.

Ce prix , qui est le prix d'honneur du canton , sera décerné au cultivateur (propriétaire ou fermier) qui non-seulement , comme agriculteur, aura le mieux dirigé son exploitation et réalisé le plus de progrès ; mais encore, comme chef de famille, ayant donné à ses enfants l'exemple d'une vie irréprochable , les ayant élevés dans des principes religieux et moraux, et leur ayant conservé le goût de la vie des champs et l'amour de leur état, s'estimera heureux de leur transmettre l'honorable profession qu'il a reçue de de ses pères.

II.
Serviteurs ruraux.

1er prix.................Une médaille d'honneur
2e prix.................Une médaille d'honneur.

Ces prix seront décernés aux valets et aux servantes de ferme qui se seront le plus distingués dans le canton par leurs longs services dans la même maison, par leur travail, par leur dévouement à leurs maîtres, par leur tempérance, par une conduite exemplaire.

III.
Concours de Charrues.

1er prix : une médaille et une houe à cheval de.. 50 fr.
2e prix : un araire n° 3, de...... 55 fr. moins 10 fr.
3e prix : un araire.............. 55 — 15
4e prix : un araire.............. 55 — 15
5e prix : un araire.............. 55 — 20
6e prix : un semoir.............. 50 — 20

Toutes les charrues sont admises à concourir. — Elles seront attelées de deux chevaux marchant de front. — Elles seront conduites par un seul homme. — Le laboureur et l'attelage devront appartenir à la ferme du concurrent. — Les araires laboureront en *planches*, à 15 centimètres de profondeur au moins, et les charrues du pays en *billons*, à 10 centimètres au moins.

La médaille affectée au 1er prix sera remise au laboureur qui aura tenu la charrue. — Le 1er prix ne peut être gagné que par un araire.

Les concurrents devront se faire inscrire à la mairie de leur commune avant le......

IV.
Concours d'animaux.
Espèce chevaline.

Juments poulinières suitées.
1er prix : un coupe-racine de....... 55 fr. — 15 fr.
2e prix : un semoir .... 50 — 15

3e prix : une herse Valcourt n° 2,..... 35 fr. — 10 fr.
4e prix : un rouleau................. 20
5e prix...................... 15
6e prix...................... 10

Pouliches
de deux à trois ans.

1er prix : une houe à cheval de..... 50 fr. — 15 fr.
2e prix : une herse Valcourt........ 35 — 10
3e prix : une herse Valcourt......... 35 — 10
4e prix : un rouleau............... 20
5e prix :................... 10
6e prix :................... 5

Espèce bovine.

Taureaux
de un an et au-dessus.

1er prix : un coupe-racine de........ 55 fr. — 10 fr.
2e prix : un tarare .... 55 — 15
3e prix : une herse Valcourt, n° 2, ... 35 — 10
4e prix : un rouleau............... 20
5e prix :................... 10

Génisses
de un an et au-dessus.

1er prix : un coupe-racine de........ 55 fr. — 15 fr.
2e prix : une baratte Valcourt....... 35 — 5
3e prix : un rouleau............ 20
4e prix : un rouleau.............. 20 — 5
5e prix : une bêche............ 10
6e prix : Chaînes à vaches.......... 5

Espèce porcine.

Verrats et Truies pleines ou suitées.

1er prix :................... 20 fr.
2e prix :................... 15
3e prix :................... 10

Les animaux primés devront être conservés dans
le canton, pour la reproduction , pendant un an.

V.

Semailles en ligne.

Betteraves, panais, carottes, rutabagas.

Prix à distribuer : une somme de. . . . . 50 fr.

Céréales.

Prix à distribuer : une somme de. . . . . 50 fr.

Les semailles en ligne de betteraves, panais, carottes et rutabagas devront avoir été faites sur *fumure* et comprendre une étendue de 50 ares au moins (environ un journal).

Les semailles en ligne de céréales devront succéder immédiatement à une racine fourragère *fumée* et comprendre une étendue de 25 ares au moins.

Les demandes de visite pour les *semailles* en ligne devront indiquer l'étendue des terrains cultivés, la nature de la culture, et être adressées à la mairie de chaque commune avant le 20 juin.

Le Comice prévient les cultivateurs qu'il met à leur disposition un semoir et une houe à cheval. Ils devront demander ces instruments à la mairie de......

VI.

Exposition.

Animaux de basse-cour.

Prix : à distribuer une somme de. . . . . 50 fr.

Produits agricoles et horticoles.

Beurre, céréales, plantes et racines fourragères, légumes, fruits, fleurs, etc.

Prix : à distribuer, une somme de. . . . . 100 fr.

Dans l'espèce galline, on devra présenter au moins un mâle et deux femelles de la même race ; — pour le beurre, au moins 1 kilo.

Les produits de chaque exposant seront réunis dans un même groupe, et c'est au meilleur ensemble de produits que seront donnés les prix.

Dispositions générales.

Les laboureurs, les animaux et les produits agricoles devront être placés à 8 heures précises au lieu qui aura été indiqué.

A 9 heures, le cortége des autorités et des membres du Comice se rendra au concours des charrues et le signal du départ sera immédiatement donné.

Sont admis à concourir tous les cultivateurs du canton.

Des commissaires seront désignés pour présider aux dispositions et à l'ordre des divers concours et de la fête.

Six jurys spéciaux seront en outre formés :

Le premier, pour le choix de la famille agricole et des serviteurs ruraux les plus méritants.

Le deuxième, pour le concours de charrues.

Le troisième, pour l'espèce chevaline ;

Le quatrième, pour l'espèce bovine et l'espèce porcine ;

Le cinquième, pour les semailles en ligne ;

Le sixième, pour l'exposition.

Des mentions honorables, constatées par des certificats nominatifs seront ajoutées aux prix, si le mérite du concours l'exige.

Le jury pourra réserver les prix qu'il ne jugera pas mérités.

Les décisions du jury sont sans appel.

Les prix annoncés en argent seront distribués en animaux, en instruments, en livres ou en graines.

On ne pourra recevoir qu'un prix dans chaque espèce d'animaux et pas plus de trois pour tous les concours inscrits au présent programme.

Une médaille sera décernée au lauréat qui aura mérité plus de trois prix.

Les laboureurs et les animaux déjà primés dans des concours précédents ne pourront recevoir qu'un prix d'un degré supérieur.

A mérite égal entre un propriétaire et un fermier, la prime sera donnée à ce dernier.

Les lauréats ne pourront vendre en dehors du canton ni modifier les instruments gagnés par eux, sans l'agrément du comité du Comice, sous peine d'être exclus de tous concours à l'avenir.

A une heure, les divers jurys se réuniront à la Mairie, sous la présidence du Président du Comice, pour arrêter la liste des prix et rédiger leur rapport.

A 2 heures, aura lieu la distribution solennelle des récompenses, à laquelle sont invités tous les habitants du canton.

Arrêté par le Comice de... en assemblée générale, le.... 1859.

Pour copie conforme :

Le Président du Comice,

Approuvé :

Le Sous-Préfet de Brest,

IV.

Concours agricole de Landerneau.

La Société d'Agriculture de Brest désirant faire l'essai du résultat que l'on pourrait obtenir en réunissant une partie de ses ressources à celles du Comice de Landerneau, avait été autorisée à se concerter cette année avec ce Comice, et ces deux associations ont donné à Landerneau, les 16, 17 et 18 septembre, un concours et une fête agricoles.

Le vendredi 16 a eu lieu le concours des charrues et des animaux, le 17 l'exposition des produits agricoles, et le 18 la distribution solennelle des récompenses.

Le concours des charrues a été très-satisfai-
sant. Il y avait 27 araires et un assez grand
nombre de charrues du pays. Suivant l'usage
adopté par la Société d'Agriculture de Brest, le
concours des araires a été suivi d'un concours
d'honneur entre les lauréats de la journée et ceux
des années précédentes. Ce concours, qui avait
lieu entre les plus habiles laboureurs du pays,
au nombre de 22, tenant chacun un araire, a
produit un travail supérieur.

Les animaux avaient été disposés avec beaucoup d'ordre sous les beaux arbres du Champ-
de-Bataille de Landerneau. Il y avait 39 taureaux,
20 génisses et 18 verrats et truies. On remarquait parmi les taureaux un Ayr-Durham, deux
Ayrs purs et plusieurs Breton-Durham. Parmi
les génisses, il y en avait également plusieurs
provenant de croisements Breton - Durham et
dont les formes attestaient déjà une amélioration
marquée. L'espèce porcine avait fait de plus
larges emprunts encore au sang anglais, et on
voyait plusieurs animaux de race Leicester de
formes tout-à-fait perfectionnées.

Le lendemain samedi, l'exposition des produits
agricoles, qui avait été disposée avec beaucoup
de soin et de goût dans la première cour et sous
les cloîtres du Quartier de la Marine, a été visi-
tée par tous les cultivateurs venus au marché de
Landerneau. Des céréales et des lins magnifiques, des racines fourragères, des légumes, des
fruits, des fleurs de toute beauté et en nombre
considérable, formaient cette belle exposition.
Des lots nombreux d'oiseaux de basse-cour, de
toutes espèces et de toutes variétés, en animaient
les alentours.

Le Dimanche 18, a été le jour solennel de cette
fête agricole. M. le Préfet Maritime ayant bien

voulu mettre le Quartier de la Marine à la disposition du Comice de Landerneau, M. Frimot Jne, avec un zèle et un dévouement qu'on ne saurait trop louer, avait élevé dans le parc de ce bel établissement un autel sur lequel Mgr l'Evêque de Quimper avait promis de venir célébrer la messe en présence de tous les cultivateurs du pays convoqués à cette solennité. Cet autel, d'une grandeur imposante et décoré par les Dames de Landerneau avec ce goût et cette grâce qu'elles seules savent donner, était surmonté d'un arc de triomphe et d'une aigle immense aux ailes déployées. En face avaient été disposés des siéges pour plusieurs milliers de personnes.

La messe a été dite à onze heures. C'était un imposant spectacle. On évaluait à dix mille le nombre des assistans. Mgr l'Evêque était entouré d'un clergé nombreux. M. le Préfet était venu tout exprès de Quimper assister à cette cérémonie. Il avait à ses côtés M. le Sous-Préfet de Brest, MM. Conseil et Bois de Mousilly, députés au Corps législatif, M. le Maire de Landerneau, MM. les Présidents de la Société d'agriculture de Brest et du Comice de Landerneau, et les autorités civiles du canton. Le recueillement était profond et le temps splendide. Après la messe, Mgr Sergent a adressé à la foule de belles et fortes paroles qui ont montré aux cultivateurs combien la religion a de bénédictions pour leurs travaux.

La distribution des récompenses a eu lieu sous la présidence de M. le Préfet. M. Louis de Kerjégu, président de la Société d'agriculture de Brest, a ouvert la séance par un discours tout rempli de choses gracieuses pour ceux qui avaient concouru à la fête et de pensées excellentes.

M. le Préfet a pris ensuite la parole, et, dans une allocution que lui ont inspirée les lieux, les choses et l'auditoire qu'il avait sous les yeux, il a donné des éloges et des conseils qui ont vivement touché l'assemblée.

Les prix ont ensuite été proclamés dans l'ordre suivant :

Concours de Charrues.

Araires.

1er prix : une houe à cheval, de 50 francs , — Yves Léon, du Tréhou.

2e prix : une houe à cheval , de 50 francs , — Yves Pouliquen, de Plouédern.

3e prix : un buteur, de 50 francs , — Louis Calvez, de Landerneau.

4e prix : un buteur , de 50 francs, — Jean Liziard , de La Martyre.

5e prix : une herse et un baromètre, de 40 francs,— Pierre Gestin, de Guipavas.

Mention honorable : — Mathurin Tréguier, de Plouédern.

— Guillaume Gourmelon , de Hanvec.

Charrues du pays.

1er prix : un araire N° 3, de 55 fr., — Pierre Perron, de Guipavas.

2e prix : un araire N° 3 , de 55 fr., — Michel Donval, de Guipavas.

3e prix : un araire N° 3, de 55 fr. — Sébastien Kerjean, de Guipavas.

4e prix : un araire N° 3, de 55 fr. , — Jean Léost, de Guipavas.

5e prix : un araire N° 3, de 55 fr.,— Pierre Bourhis, de Landerneau.

Mention honorable :—Guillaume Colin, de Guipavas.

— — Paul Gestin, de Guipavas.

Concours d'honneur d'Araires.

1er prix : une médaille d'or de 100 fr., donnée par S. M. l'Empereur, plus 15 fr., — Moré, aîné, de Hanvec.

2e prix : un araire, de 55 francs, et 10 francs , —
    François Kerhoas, de Hanvec.

3e prix : un araire de 55 fr. — Jean Inizan , de La
    Martyre.

4e prix : un araire de 55 fr, — Charles Nédellec, de
    Quimerc'h.

Concours d'Animaux.

*Taureaux de races anglaises pures ou croisées
entre elles.*

1er prix : une houe à cheval et un coupe-racine de
    130 fr.   Nicolas Boulic, de Lambézellec.

2e prix : un tarare et un coupe-racine de 120 fr. —
    Ildut Le Gall, de Plabennec.

Taureaux de toutes races.

1er prix : un extirpateur de 90 fr. — Charles de Les-
    guern, de Pencran.
2e prix : un araire et un baromètre, de 80 francs —
    Guillaume Abgrall, de Landerneau.
3e prix : un araire N° 2, de 60 francs, — Yves Pou-
    liquen, de Plouédern.
4e prix : un araire N° 2, de 60 francs, — Jean-Marie
    Perron, de Landerneau.
5e prix : un tarare, de 55 francs , — François Bou-
    cher, de Ploudiry.

Génisses.

1er prix : un semoir et une baratte Valcourt, de 75 fr.,
    — Charles de Lesguern, de Pencran.
2e prix : un araire N. 2, de 60 francs, — de Ker-
    dret, de Lannilis.
3e prix : un semoir et un baromètre, de 50 francs, —
    Soubigou, de Ploudiry.
Mentions honorables : — Thépaut , de Landerneau.
                        — Yves, Cabon, de Lander-
                        neau.

Verrats et Truies.

1er prix : un verrat anglais, de 40 francs , — Pierre Gestin, du Drennec.

2^a prix : un verrat anglais, de 40 francs, — de Goësbriand, de Saint-Urbain.

3e prix : un verrat anglais, de 40 francs, — Kerdoncuff, de Saint-Urbain.

Mentions honorables : — de Goësbriand, de Saint-Urbain.

— Pilven, de Lambézellec.

— Cabon, de Landerneau.

Semailles en ligne et Sarclage à la houe.

1er prix : une herse à couvrir , de 80 francs, — Boulic, frères, de Lambézellec.

2e prix : un araire N° 2 et un baromètre , de 70 fr., Yves Perron, de Landerneau.

3e prix : un semoir, de 40 francs, — Ildut Legall , de Plabennec.

Mention honorable : — Soubigou, de Plouédern.

Drainage et Irrigations.

1er prix : un araire N° 2 et un baromètre , 70 fr. — Tinévez , de Lampol-Ploudalmézeau.

2e prix : une baratte Valcourt et trois bêches, 57 fr.— Hautin, de Landerneau.

Animaux de basse-cour.

Volailles engraissées.

Prix : 30 fr. — Nicolas Boulic, de Lambézellec.

Volailles vivantes.

1er prix : 30 fr., — Nicolas Boulic, de Lambézéllec.

2e prix : 20 fr., — Sancéo, de Pencran.

3e prix : 10 fr., — Le Guen, de Gouesnou.

Mention honorable : — Vacheront, de Landerneau.

Produits de grande culture.

1er prix : 40 fr., — Boulic, frères, de Lambézellec.
2e prix : un baromètre et 2 bêches , de 30 francs, —
    Perron, de Landerneau.
3e prix : 20 fr., — Ildut Le Gall, de Plabennec.
4e prix : 15 fr., — Hervé Saliou, de Guipavas.
5e prix : 10 fr., — Le Guen, de Gouesnou.
6e prix : 10 fr., — Vincent, de Landerneau.
Mentions honorables : — Radiguet, de La Forêt.
                    — Frimot aîné, de Landerneau.

Lin.

1er prix : une médaille de bronze et 100 francs, —
    Goulven Colic, de Tréglonou.
2e prix : 50 fr., — Guillaume Sanquer, de Plou-
    guerneau.
3e prix : 50 fr., — Jean-Marie Cabon, de Plouguer-
    neau.
4e prix : 25 fr., — Jean-Marie Nicolas , de Plou-
    guerneau.
5e prix : 25 fr., — Guillaume Silvestre, de Landéda.
6e prix : 25 fr., — Yves Kerandel, de Lannilis.
7e prix : 25 fr., — Casimir Le Goff, de Plouguerneau.
Mentions honorables : — Gabriel Corre, de Lannilis.
        — Jean Lhostis, de Kernilis.
        — François Mercier, de Lannilis.
        — Hervé Boucher, de Plouguer-
            neau.
        — François Boucher, de Plou-
            guerneau.
        — François Guéguen , de Plou-
            guerneau.

Produits Maraîchers.

1er prix : 20 fr., — Hautin, de Landerneau.
2e prix : deux bêches, de 18 francs, — Le Borgne ,
            de Lambézellec.
3e prix : 15 fr., — Guillaume Hervé, de Guipavas.

Beurre.

1er prix : 12 fr., — Boulic, frères, de Lambézellec.

2e prix : 10 fr., — Pouliquen, de Plouédern.

Fleurs.

1er prix : une médaille d'argent donnée par Sa Majesté l'Empereur, — Le Bian, de Landerneau.

2e prix : deux bêches, de 18 fr., — Hautin, de Landerneau.

3e prix : une bêche, de 9 fr., — Le Borgne, de Lambézellec.

Mention honorable : — Saluden, de Landerneau.

Fruits.

1er prix : une médaille et 2 bêches, de 28 francs, — Tanguy, de Landerneau.

2e prix : 20 fr., — Hautin, de Landerneau.

3e prix : 15 fr., — Hervé, de Guipavas.

Mentions honorables : — Vincent, de Landerneau.

— Sanquer, de Landerneau.

Un banquet de 230 couverts , dans une salle magnifiquement décorée , a terminé la journée. M. le Préfet y a porté en termes chaleureux un toast à l'Empereur , qui a été couvert des acclamations les plus enthousiastes et les plus retentissantes de :

Vive l'Empereur !

Vive l'Impératrice !

Vive le Prince Impérial !

Divers autres toasts ont été également portés par M. Jules Radiguet , M. le Sous-Préfet de Brest, M. Bois de Mouzilly, M. de Kerjégu et M. Th. de Pompery.

A sept heures, chacun reprenait le chemin de sa demeure et le bateau à vapeur de Landerneau remportait à Brest 250 personnes enchantées de leur journée.

V.

Concours agricole de Brest.

La Société d'agriculture de Brest, aidée des subventions de la ville de Brest et de la commune de Lambézellec, a donné le mardi 27 septembre un concours de charrues et d'animaux reproducteurs au bourg de Lambézellec, et fait le 1er et le 2 octobre, à la Halle de Brest, une très-brillante exposition d'animaux de basse-cour, d'instruments et de produits agricoles et horticoles, le tout terminé par une solennelle distribution de prix.

Le concours de charrues était très-beau. Dans six champs, où tout avait été disposé par les soins habiles de MM. de Kerjégu, Cumin, Vincent et Girault, sont venus se mettre en ligne 35 araires et 52 charrues du pays.

Les animaux reproducteurs étaient nombreu et plusieurs ont mérité les suffrages des connaisseurs.

L'exposition des produits agricoles a été, comme elle l'est toujours à Brest, grâce à l'expérience, au zèle et au dévouement vraiment admirables des hommes qui composent le comité de la Société d'agriculture, une réunion complète et achevée de tout ce que notre région agricole produit de varié et d'utile. La disposition des choses, qui contribue tant à leur donner toute leur valeur, était irréprochable ; tout était classé avec un soin méthodique qui fait grand honneur à MM les Membres du Comité de la Société et aux Commissaires pleins d'obligeance qui avaient bien voulu leur prêter leur concours.

La distribution des prix a eu lieu le Dimanche 2 octobre, à 1 heure, devant une assemblée très-nombreuse qui remplissait non-seulement la Halle, mais encore les galeries.

Voici la liste des Lauréats :

Concours de Charrues.

Araires.

1er prix : un buteur, de 55 francs, — Jacques Milin, de Guipavas.

2e prix : un tarare, de 55 francs, — Paul Derrien, de Ploudiry.

3e prix : un tarare, de 55 francs , — Pierre Boulic , de Lambézellec.

4e prix : un araire, de 55 francs , — Yves Léal , de Guipavas.

Mention honorable : Jean-Marie Inizan , de La Martyre.

Charrues du Pays.

1er prix : un araire N? 3, de 55 francs , — Yves Le Gall, de Guipavas.

2e prix : un araire N° 3, de 55 francs,— Pierre Prédour, de Guipavas.

3e prix : un araire N° 3, de 55 francs , — Jean Inizan, de Plougourvest.

4e prix : un araire N° 3, de 55 francs, — Pierre Donval, de Guipavas.

5e prix : un araire N° 3, de 55 francs , — Claude Le Guen, de Gouesnou.

6e prix : un araire N° 3, de 55 francs, — Sébastien Kerjean, de Guipavas.

7e prix : un araire N° 3, de 55 francs , — François Kérenneur, de Lambézellec.

Concours d'honneur d'Araires.

Prix : une médaille d'or de 100 francs donnée par S. M. l'Empereur, — Jean Inizan , de La Martyre.

Mention honorable : — Pierre Boulic, de Lambézellec.

Concours spécial à la commune de Lambézellec.

Araires.

1er prix : battage de récolte, en 1860, par une machine, — Prigent Boulic.

2e prix : un ventilateur offert par M. Lefebvre, — veuve Kervennic.

3e prix : une baratte Valcourt, offerte par M. Allain, — Pierre Gestin.

4e prix : une herse Valcourt, offerte par M. Delplanque, Pierre Boulic.

Charrues du Pays.

1er prix : un araire offert par M. Guilhem, — Nicolas Caill.

2e prix : un araire, offert par M. Le Bihan, — François Kérenneur.

3e prix : une baratte, offerte par M. Michel-Morand, Sébastien Pilven.

Concours d'Animaux.
Prix de la Société d'Agriculture de Brest.

Taureaux.

1er prix : une médaille et un verrat anglais, de 40 fr. — Jean-Marie Crozon, de Lambézellec.

2e prix : un verrat anglais de 40 francs, — Hervé Roudot, de Plouider.

3e prix : un verrat anglais de 40 francs , — Jean Quentel, de Lambézellec.

4e prix : une baratte de 20 francs, — Fagon, de Milizac.

5e prix : une baratte de 20 francs, — Kerlentor , de Lambézellec.

6e prix : une baratte de 20 francs , — Jean Gléau , de Plouarzel.

Génisses.

1er prix : une baratte Valcourt , de 30 francs , — Cabon, de Landerneau.

2e prix : une baratte Valcourt, de 30 francs, — Berthou, de Plabennec.

3e prix : une baratte Valcourt , de 30 francs, — Le Dreff, Claude, de Lambézellec.

Verrats.

Prix : un verrat anglais de 40 francs, — Cabon, de Landerneau.

Prix de Lambézellec.

Espèce chevaline. — Etalons.

Prix unique : 30 fr. — Joseph Leroux, du Drennec.

Juments poulinières.

1er prix : 40 francs, — Jean Le Guen, de Gouesnou.

2e prix : 30 francs, — François Léon , du Bourg-Blanc.

3e prix : 25 francs, — André Pengam, de Lesneven.

4e prix : 20 francs, — Jean-Marie Lhostis, de Ploudalmézeau.

Poulains et Pouliches.

1er prix : 25 fr., — Jean Le Guen, de Gouesnou.

2e prix : 20 fr., — Yves Fagon, de Milizac.

3e prix : 15 fr., — Jean Broudin, de Ploudaniel.

4e prix : 10 fr., — Yves Bilcot, de Plouarzel.

Taureaux.

1er prix : 15 fr , — Nicolas Boulic , de Lambézellec.

2e prix : 15 fr., — Ildut Le Gall, de Plabennec.

3e prix : 15 fr., — Abgrall, de Landerneau.

2

Vaches laitières.

1er prix : 20 fr., — Pierre Cloarec, de Gouesnou.
2e prix : 20 fr., — Salaun, de Lambézellec.
3e prix : 15 fr., — Lescop, de Lambézellec.
4e prix : 15 fr., — Goasdu, de Gouesnou.
5e prix : 10 fr., — Le Guen, de Gouesnou.
6e prix : 10 fr., — Ségalen, de Saint-Marc.
7e prix : 10 fr., — Bergevin, de Guipavas.

Truies.

Prix : 10 francs, — Pilven, de Lambézellec.

Prix de la Société d'Agriculture.

Produits de grande culture.

1er prix : { deux bêches de 18 francs , — Nicolas Boulic, de Lambézellec.
{ deux bêches, de 18 francs , — Ildut Le Gall, de Plabennec.

2e prix : { deux bêches, de 18 francs , — Hervé Saliou, de Guipavas.
{ deux bêches , de 18 francs , — Jean Le Guen, de Gouesnou.

3e prix : un baromètre, de 10 francs, — Gabriel Boulic, de Lambézellec.

4e prix : un baromètre, de 10 francs, — Donval, de Guipavas.

5e prix : un baromètre de 10 francs, — Guéguen, de Gouesnou.

Mentions honorables : — Fagon, de Milizac.
— Mad. Cloarec, de Gouesnou.
— Tonnadre, de Brest.

Produits maraîchers.

1er prix : trois bêches, de 27 francs , — Laot , de Lambézellec.
2e prix : deux bêches, de 18 francs, — Le Borgne , de Lambézellec.

3ᵉ prix : deux bêches, de 18 francs¹, — Hautin , de
Landerneau.
4ᵉ prix : un baromètre de 10 francs, — Salaun , de
Lambézellec.
5ᵉ prix : une bêche de 9 fr., — Laé, de Guipavas.
6ᵉ prix : une bêche de 9 francs, — Paul , Pierre, de
Guipavas.
7ᵉ prix : 10 francs, — Foll, de Brest.
Mentions honorables : — Deschateaux, de Lambézel-
lec.
— Tonnadre, de Brest.
— Ollivier.

Animaux de basse-cour.

1ᵉʳ prix : deux bêches, de 18 francs, — Nicolas Boulic, de Lambézellec.
2ᵉ prix : 10 fr., — M.lle Guéguen, de Lambézellec.
3ᵉ prix : une bêche de 9 francs , — Le Guen , de
Gouesnou.
4ᵉ prix : une bêche de 9 francs , — Guézellou , de
Brest.

Poulardes grasses.

Prix unique : 15 fr —Nicolas Boulic, de Lambézellec.

Lapins.

Mention honorable : — Macéo, de Brest.

Beurre.

1ᵉʳ prix : 10 fr., — Nicolas Boulic, de Lambézellec.
2ᵉ prix : 10 fr., — M.lle Talarmin, de Lambézellec.
3ᵉ prix : un vase à lait de 7 francs, — Pierre Gestin,
de Guipavas.
4ᵉ prix : un vase à lait de 7 francs, — Tannée , de
Lambézellec.
5ᵉ prix : un vase à lait de 7 francs, — M.lle Fagon ,
de Milizac.
6ᵉ prix : 5 fr. — Mad. Cloarec, de Gouesnou.

Fruits.

1ᵉʳ prix : deux bêches de 18 fr.,— Laé, de Guipavas

2ᵉ prix : deux bêches de 18 fr., — Laot, de Lambézellec.

3ᵉ prix : une bêche de 9 francs, — Tannée, de Lambézellec.

4ᵉ prix : une bêche de 9 fr.,— Morvan, de Guipavas.

5ᵉ prix : une bêche de 9 fr.,— Rolland, de Guipavas.

6ᵉ prix : une bêche de 9 fr.,— Billault, de Guipavas.

7ᵉ prix : un vase à lait de 7 francs, — Delagarde, de Brest.

Fleurs.

1ᵉʳ prix : un baromètre offert par M. Schiavetti , — Hautin, cadet, de Lambézellec.

2ᵉ prix : deux bêches, de 18 francs, — Le Borgne , de Lambézellec.

Mentions honorables : — Mad. Rouxin, de Brest.

— Mad. Pitty, aîné , de Brest.

VI.

Concours agricole de Ploudiry.

Le Comice agricole de Ploudiry , fondé cette année, vient de donner lundi dernier, 3 octobre, son premier concours cantonal. Favorisé par le plus beau soleil , ce concours a dépassé tout ce que l'on pouvait attendre d'une association si récemment organisée. Il est vrai que ce Comice est fondé sur les bases les plus solides et renferme tout ce que le canton contient à la fois de plus intelligent et de plus dévoué au bien public. MM. les Maires , MM. les Recteurs de toutes les paroisses du canton , les propriétaires et les agriculteurs les plus influens, en sont les fondateurs , et bientôt ils ont vu venir à eux un nombre de sociétaires tel que , dans ce canton de 6,300 habitans seulement , il a été distribué une somme importante en prix nombreux divisés en six catégories.

Conformément au programme de la journée , à 9 heures précises , on a donné le signal du Concours de charrues. Les laboureurs étaient au nombre de 21 , dirigeant tous des charrues perfectionnées , et , parmi ces charrues perfectionnées , on ne voyait pour ainsi dire que des araires sans avant-train , c'est-à-dire que dans le canton de Ploudiry ceux qui recherchent le progrès ont choisi de prime-abord pour labourer l'instrument reconnu le plus parfait. Le concours a été excellent comme on devait l'attendre de pareils lutteurs , et ce qui le témoigne à l'honneur des laboureurs de Ploudiry , c'est que leur habile compatriote Inizan , de La Martyre, si fameux dans les concours de charrues , et qui a gagné cette année la Médaille d'or au Concours d'honneur de la Société d'Agriculture de Brest , de retour parmi ses pairs , n'a obtenu que le 4e prix.

L'exposition des animaux de l'espèce bovine comprenait plusieurs beaux taureaux, un certain nombre de vaches et beaucoup de génisses généralement très - bonnes. Les taureaux ont été dignes des prix qui étaient annoncés.

L'espèce porcine était représentée par un certain nombre de bons animaux portant déjà des traces d'amélioration par l'introduction de sang étranger.

L'exposition des animaux de basse-cour était intéressante. Plusieurs exposans méritaient et ont obtenu des prix. Pour prix de ce concours , le Comice avait fait venir de Normandie un coq et une poule de race Crèvecœur , choisis parmi les plus beaux et de la race la plus pure ; mais il n'était pas possible de diviser ce prix entre 3 lauréats. M. du Rusquet, désirant posséder ces deux beaux représentans de la race Crèvecœur, afin d'en faire profiter le canton en en répandant l'espèce, a demandé à s'en charger au prix d'achat.

L'exposition des produits agricoles attestait un progrès marqué dans la grande culture. Le chou branchu du Poitou , la betterave globe-jaune , si peu connus encore dans le reste de l'arrondissement , étaient là représentés par de magnifiques échantillons.

Beaucoup d'autres produits encore appelaient l'attention des cultivateurs ; de beaux fruits enfin complétaient cette exposition.

Parmi tous ces objets , le beurre tenait une place importante et appréciée.

De 9 heures à 1 heure , les différents jurys ont rempli leur mission avec ce soin consciencieux que l'on apporte dans notre pays à tout ce dont on est chargé. A 2 heures , ils se sont réunis à la Mairie , sous la présidence de M. le Sous - Préfet , pour arrêter la liste des lauréats. On a passé ensuite à la distribution des récompenses. Cette distribution a été fort belle. Une grande estrade avait été élevée sous la direction de M. Babo , vice-président du Comice , qui avait su lui donner beaucoup d'élégance et en décorer les marches et tout le pourtour de produits agricoles très heureusement distribués. Le bureau du Comice , MM. les Maires, MM. les Ecclésiastiques du canton, ont pris place sur l'estrade. Les membres du Comice avaient des siéges réservés au premier rang en face de cette estrade; les élèves des écoles communales du canton, qui avaient été amenés par leurs instituteurs, étaient groupés à droite et à gauche. Une foule nombreuse enfin de cultivateurs complétait l'assistance. La plupart des prix ont été remis en instrumens. Plusieurs baromètres ont été distribués et ont fait très grand plaisir à ceux qui ont reçu ces beaux objets , qui n'ont pas seulement le mérite de l'utilité pour les cultivateurs , mais qui sont encore un ornement dans une maison.

Ces prix ont été remis aux applaudissemens des enfans des écoles et au roulement du tambour. Mais il est un prix qui a eu surtout tous les applaudissemens et toutes les sympathies de l'Assemblée, quand il a été proclamé. Bien que ce prix soit annoncé en tête du programme, nous n'en avons pas parlé encore, voulant le réserver pour la fin, comme ce que l'on a de meilleur.

Ce prix était inscrit ainsi au programme :

« *Famille agricole.*

»Une grande médaille d'honneur, en argent, à l'effigie de Sa Majesté l'Empereur.

»Ce prix, qui est le prix d'honneur du canton, sera décerné au cultivateur (propriétaire ou fermier) qui non-seulement, comme agriculteur, aura le mieux dirigé toute son exploitation et réalisé le plus de progrès ; mais encore, comme chef de famille, ayant donné à ses enfans l'exemple d'une vie irréprochable, les ayant élevés dans des principes religieux et moraux, et leur ayant conservé le goût de la vie des champs et l'amour de leur état, s'estimera heureux de leur transmettre l'honorable profession qu'il a reçue de ses pères. »

Le jury chargé de décerner, au nom du canton, cette grande et belle récompense, était composé de M. le Président du Comice, MM. les Maires et MM. les Recteurs du canton. Il n'a pas failli à cette délicate et importante mission, et après une longue et minutieuse enquête, pendant le mois qui a précédé le concours, et de nombreuses conférences, le choix a été fixé quelques jours avant le concours, dans une réunion générale où étaient présens tous les membres du jury.

C'est au milieu d'une sorte de recueillement général et de l'intérêt le plus sympathique que M. le Sous-Préfet a proclamé le nom de l'excellent agriculteur, du vertueux père de famille qui a mérité ce jour-là, devant tout le canton, cette belle couronne d'honneur.

Les prix aux serviteurs ruraux ont été à leur tour accueillis avec la plus vive satisfaction, tant il est vrai que les institutions qui se donnent pour but l'amélioration matérielle du sort des hommes ne sauraient, sans méconnaître les plus chers besoins du cœur de l'homme, oublier ce qui touche au côté moral.

Les deux prix aux serviteurs ruraux étaient annoncés dans les termes suivants :

« *Serviteurs ruraux.*

» 1ᵉʳ prix : Une médaille d'honneur.
» 2ᵉ prix : Une médaille d'honneur.

» Ces prix seront décernés aux valets et aux servantes de ferme qui se seront le plus distingués dans le canton par leurs longs services dans la même maison, par leur travail, par leur dévouement à leurs maîtres, par leur tempérance, par une conduite exemplaire. »

Voici la liste des prix :

Famille agricole :

Prix unique : Une grande médaille d'honneur, en argent, à l'effigie de S. M. l'Empereur, — Jean Le Bras, fermier à Cleudren, commune de Ploudiry.

Serviteurs ruraux :

1ᵉʳ prix : Maurice Léon, depuis 26 ans au service de Mᵐᵉ Vᵛᵉ Traouèz, au moulin du Cann, commune de la Martyre.
2ᵉ prix : Olive Le Roux, depuis 20 ans au service de François Elléouet, commune de La Roche.

Concours de Charrues.

1ᵉʳ prix : Une médaille et un araire de 55 fr., — Inizan, jean, de Ploudiry.
2ᵉ prix : Une herse Valcourt, — Léon, yves, du Tréhou.

3ᵉ prix : 20 francs , — Boucher, gabriel , de Plou-
    diry.
4ᵉ prix : 10 francs, — Inizan , jean-louis , de La
    Martyre.
5ᵉ prix : 5 francs, — Soubigou, allain , de Plou-
    diry.

Espèce bovine.

Taureaux.

1ᵉʳ prix : 30 francs, — Boucher, françois, de Plou-
    diry.
2ᵉ prix : 20 francs, — Léon, yves , du Tréhou.
3ᵉ prix : 15 francs, — Guillou, de Ploudiry.

Vaches laitières.

1ᵉʳ prix : 20 francs, — Pencréac'h , jean-marie, de
    Loc-Eguiner.
2ᵉ prix : 15 francs, — Pennec, jean, de La Martyre.

Génisses.

1ᵉʳ prix : 15 francs , — Marc , jean, du Tréhou.
2ᵉ prix : 10 francs , — Du Rusquet, de Tréflévénez.
3ᵉ prix : 10 francs , — Soubigou, allain.
4ᵉ prix : 5 francs, — Rohel, yves-marie, de Ploudiry.

Espèce porcine.

Prix : 10 francs, — Maubian, françois, de La Martyre.

Animaux de basse-cour.

1ᵉʳ prix : 8 francs, — Éliès, de La Martyre.
2ᵉ prix : 5 francs, — Rolland, marie-louise, de La
    Martyre.
3ᵉ prix : 4 francs, — Kermarrec, de La Roche.

Beurre.

Prix : 5 francs, — Le Menn , joseph, de La Roche.

Produits agricoles.

1er prix : 10 francs, — de la Villasse, de La Roche.

2e prix : 5 francs, — Miossec, jean-marie, de La Roche.

3e prix : 5 francs, — Maubian, de La Martyre.

Cette belle journée, que M. Boucher, Président du Comice, les Membres du bureau et les Commissaires de la fête avaient si parfaitement organisée, a été terminée par un banquet auquel assistaient MM. les Maires, MM. les ecclésiastiques du canton, et la plupart des principaux propriétaires et cultivateurs, et qui était présidé par M. le Sous-Préfet.

Ce banquet qui s'est passé de la manière la plus parfaite, a été terminé par un cri de reconnaissance à l'Empereur, qui fait la France tout à la fois si grande et si heureuse, et sous le règne glorieux duquel l'agriculture est encouragée, protégée, honorée comme elle ne l'avait jamais été.

VII.

Concours agricole de Lesneven.

Le Comice de Lesneven peut se flatter que son concours et sa fête agricole, qui ont eu lieu Mardi dernier, 4 octobre, ne le cèdent à aucuns en importance, en éclat, en animation, en tout ce qui fait ces fêtes belles, utiles et intéressantes pour les cultivateurs. Nos lecteurs en vont juger.

Et d'abord, disons que le mérite d'avoir organisé d'une manière si complète et si brillante une pareille solennité agricole, est grand.

Le 7 août dernier, en effet, quand M. le Sous-Préfet se rendit à Lesneven pour donner de la vie au Comice du canton, qui n'avait jamais fait que languir et qui était inconnu des cultivateurs, la plupart des personnes de bonne volonté qu'il avait réunies n'osaient espérer un résultat satisfaisant ; elles craignaient surtout l'indifférence et l'abstention, pires pour une œuvre que la critique et l'opposition. La journée du 4 octobre est une victorieuse réponse aux appréhensions qui s'étaient manifestées, et ce qu'il y a de beau, c'est que ce succès est l'œuvre de tous : membres du bureau du Comice, souscripteurs venus en grand nombre pour faire partie de l'association, cultivateurs surtout qui ont mis le plus louable empressement à venir de tous les points du canton prendre part aux divers concours. On a dit que quand une idée est juste, elle fait toujours son chemin. C'est bien le cas d'appliquer ici ce dicton. Le besoin du progrès agricole, en effet agite nos compagnes plus qu'on ne le pense et plus qu'elles ne le pensent elles-mêmes, et ceux qui disent que nos cultivateurs sont entêtés dans la routine se trompent. Nous avons vu ces cultivateurs au champ du concours des charrues suivre avec un rare intérêt le travail des araires, comparer celui qui était exécuté tout à côté par les charrues du pays et faire tout haut les meilleures réflexions. Devant la magnifique exposition des animaux, nous les avons vus admirer les formes améliorées de la race chevaline et apprécier à leur juste valeur les qualités des bons reproducteurs de l'espèce bovine et de l'espèce porcine. Pendant quatre heures, la foule n'a cessé de circuler autour de ces animaux, des oiseaux de basse-cour et de passer minutieusement en revue les longs tréteaux chargés des plus monstrueux produits agricoles. Sur tous les points, l'attention a été constamment éveillée, l'intérêt pour toutes les choses agricoles très marqué, et ce désir du progrès, cette préoccupation des améliorations ont bien paru quand, après la distribution des récompenses , une distribution de graines a été faite aux principaux cultivateurs. Le désir d'avoir une part de cette distribution tenait uniquement à l'importance qu'attachaient ces hommes de progrès à enrichir leurs cultures de plantes nouvelles et précieuses.

Mais reprenons par ordre les différens faits de la journée. Le concours de charrues a eu lieu dans trois beaux champs , à 500 mètres de Lesneven. 28 laboureurs se sont présentés au concours : 14 munis d'araires , 14 de charrues du pays. Les araires ont fait un travail qui a enlevé l'admiration des spectateurs et qui a été un véritable enseignement pour toutes les personnes présentes. Les enfans eux-mêmes des écoles communales du canton ont pu mettre à profit , sous la direction de leurs instituteurs , cet intéressant spectacle. Rien n'était agréable à voir comme le beau champ du concours des araires qui avait particulièrement attiré la foule dans le vaste terrain où il avait lieu. Tout un côté de ce long espace était bordé par les élèves des écoles rangés en bataille au nombre de plus de 400. Sur les autres côtés se pressaient mille spectateurs attentifs et animés, qui prenaient le plus grand intérêt aux travaux qui s'exécutaient. Pendant ce temps , la foule n'était ni moins nombreuse , ni moins curieuse sur le champ de bataille, où étaient exposés les animaux, et au fond duquel était disposée une vaste et élégante estrade pour la distribution des récompenses. Ce champ de bataille est un des plus beaux emplacemens où puissent se concentrer, à l'exception du concours de charrues , tout ce qui forme un concours et une fête agricoles. C'est un immense carré long couvert d'un tapis de verdure et encadré tout à l'entour de trois allées de grands arbres, verts encore comme au printemps. A l'ombre de ces beaux arbres , ombre que l'on recherchait avec plaisir, grâce à un chaud soleil d'automne , on avait disposé par

ordre , d'un côté les jumens poulinières suitées
de leurs produits de l'année, et les pouliches de
1 an à 3 ans, au nombre de 67, ce qui, avec les
poulains de l'année , faisait une exposition de
92 beaux animaux de l'espèce chevaline. En
face , de l'autre côté , étaient les porcs , les
taureaux , les vaches et les génisses, au nombre
de 68. Les animaux de basse-cour venaient à la
suite ; puis les produits agricoles , disposés en
longues rangées des deux côtés de l'estrade ,
reliaient ce point au reste de l'exposition et
faisaient du tout un ensemble parfaitement or-
donné , et dû , nous nous empressons de le
dire , au zèle et aux efforts si habiles de M.
Vignioboul , l'excellent trésorier du Comice.

Toute la journée , dans cette belle enceinte ,
ont circulé d'élégantes dames de Lesneven et
des environs qui montraient gracieusement par
là que le progrès agricole n'est indifférent à
aucune classe de la société.

Lorsque les jurys ont eu terminé leur travail,
M. le Sous-Préfet, accompagné de MM. les Maires du canton , des membres du bureau du
Comice , des Commissaires de la fète et de tous
les jurys , est monté sur l'estrade. La foule, à
ce moment , était immense. M. le Sous-Préfet
l'a félicitée de comprendre si bien l'importance
de ces concours ; il a loué et remercié surtout,
au nom du canton et du gouvernement de l'Empereur, qui encourage tous les progrès , les
hommes intelligens , zélés, dévoués , qui ont
bien voulu organiser cette fète magnifique ; il
leur a montré leur récompense dans la joie de
tant de personnes qui se pressaient autour
d'eux. Il a donné en exemple le bel acte des
conseillers municipaux de Goulven qui , appre-
nant il y a un mois par leur digne Maire , M.
Bihan , qu'une belle association agricole venait
d'être fondée à Lesneven , avaient déclaré que
tous s'estimeraient heureux d'encourager une si
belle œuvre, et avaient chacun remis leur sous-

cription à M. Bihan. Après ces éloges bien mérités et accueillis avec une universelle approbation, les noms des lauréats ont été proclamés.

Nous avons le regret de dire que les prix
à la famille agricole et aux serviteurs ruraux
les plus méritans du canton n'ont pu être décernés. Cela n'a pas été, nous n'avons pas besoin de le dire, faute d'hommes dignes de les
mériter. Le canton de Lesneven est riche autant
qu'aucun autre de l'arrondissement en agriculteurs intelligens, habiles, réalisant autour d'eux
les progrès agricoles et joignant à ce mérite les
vertus antiques et patriarcales ; mais le jury,
quoique composé d'hommes très zélés pour
tout bien qui peut être réalisé, n'a pu se réunir
à temps, et il a été décidé que ces prix si im-
portans seraient ajournés à l'année prochaine.

Les autres prix ont été proclamés ainsi qu'il
suit :

Concours de charrues.

1er prix : Une médaille et un araire de 55 fr., —
    louis Thépaut, de Ploudaniel.
2e prix : 30 francs, — louis Abjean, de Ploudaniel.
3e prix : 20 francs, — Guennoc, de Goulven.
4e prix : 15 francs, —vincent Abjean, de Ploudaniel.
5e prix : 10 francs, — jean Gouriou, de Plouider.

Jumens poulinières.

1er prix : 25 francs, — andré Pengam, de Lesneven.
2e prix : 20 francs, — jean-marie Broudin, de Plou-
    daniel.
3e prix : 10 francs, — françois Abiven, de Plou-
    daniel.

Pouliches.

1er prix : 20 francs, — yves Bodénec, de Plouider.
2e prix : 15 francs, — jean-marie Broudin.
3e prix : 10 francs, — yves Berthou, de Ploudaniel.

Taureaux.

1ᵉʳ prix : Un coupe-racine de 55 fr., — yves Le
Borgne, de Lesneven.

2ᵉ prix : Une baratte Valcourt de 25 fr., — françois
Lossec, du Folgoët.

Vaches laitières.

1ᵉʳ prix : 25 francs, — michel Paul, du Folgoët.

2ᵉ prix : 20 francs, —veuve Gouriou, de Ploudaniel.

3ᵉ prix : 15 francs, — jean Poudec, du Folgoët.

Génisses.

1ᵉʳ prix : 10 francs, — michel Paul, du Folgoët.

2ᵉ prix : 5 francs, — henri Poudec, de Plouider.

Truies.

Prix : Un verrat de 40 fr., — françois Lossec, du
Folgoët.

Mentions honorables : —hervé Ederne, de Plouider.

vincent Inizan, de Kernouez.

Animaux de basse-cour.

Prix : Un coq et une poule de race Crèvecœur,
— michel Guengam, de Lesneven.

Produits agricoles.

1ᵉʳ prix : 5 francs, — yves Roudaut, de Lesneven.

2ᵉ prix : 5 francs, — jean Poudec, du Folgoët.

3ᵉ prix : 5 francs, — louis Abjean, de Ploudaniel.

Beurre.

1ᵉʳ prix : 6 francs, — marie-yvonne Duc, du Folgoët.

2ᵉ prix : 5 francs, — marie-yvonne Roué, de Kernouez.

3ᵉ prix : 4 francs, — la sœur Honoré, de l'hospice
de Lesneven.

VIII.

Concours agricole de Plabennec.

Le Canton de Plabennec a donné jeudi, 6 octobre, son concours et sa fête agricole.

Le temps qui , la veille , était à la pluie, s'était rasséréné et promettait depuis le matin une journée favorable. Aussi les cultivateurs , les charrues, les animaux et les produits de toute espèce arrivaient-ils par toutes les routes.

On se souvenait de la fête de l'année dernière, qui avait eu un si grand succès, de l'effet qu'elle avait produit, non-seulement à Plabennec, mais dans le reste de l'arrondissement, et chacun tenait à honneur de soutenir la réputation du canton.

Des prix nombreux d'ailleurs et très importants étaient inscrits au programme, et en tête figurait surtout cette belle médaille d'honneur réservée à la famille agricole la plus méritante du canton, prix qui depuis deux mois était dans les fermes le sujet de toutes les conversations , et que chacun voulait voir décerner à l'heureux élu du grand jury d'honneur.

M. le Sous-Préfet est arrivé à l'heure fixée pour le commencement des divers concours, et à dix heures précises les laboureurs ont tiré au sort la place qu'ils devaient occuper , pendant que les animaux reproducteurs des espèces chevaline, bovine et porcine, les animaux de basse-cour et les produits agricoles étaient disposés par les soins des Commissaires de la fête dans l'ordre qui leur avait été assigné à l'avance.

A dix heures et un quart, le cortége des autorités est arrivé au champ du labourage. De vastes enclos, entourés de hauts et verts talus et situés à quelques pas du bourg , avaient été mis, avec beaucoup de bonne grâce, à la disposition du Comice pour le concours de charrues. A dix heures et demie le signal était donné. Vingt beaux attelages sont partis et ont pendant deux heures lutté d'efforts et d'habileté, sous les yeux d'une foule immense qui s'était groupée sur les talus et tout à l'entour des champs. Deux araires et dix-huit charrues du pays concouraient. Le travail a été excellent. Evidemment il y a un progrès marqué dans ce genre de concours. On ne peut faire mieux ni plus rapidement. Il est vrai que ce sont les plus habiles laboureurs qui viennent engager ces luttes, et que, dans les jours qui précèdent, comme un brave soldat qui se fait la main avant la bataille, ils tracent plus d'un sillon pour s'exercer.

Les enfans des écoles étaient là avec leurs instituteurs, au nombre de plusieurs centaines, profitant de tout ce qu'ils voyaient. Ces heureux enfans qui depuis huit jours ne pensaient qu'à cette belle fête et y ont éprouvé tant de plaisir ne l'oublieront pas, nous aimons à le penser, et se souviendront, quand ils seront hommes, que c'est aux champs que sont les plus pures joies et la plus heureuse vie.

Du champ des laboureurs la foule s'est portée vers l'exposition des animaux de l'espèce chevaline, de l'espèce bovine et de l'espèce porcine, qui, depuis dix heures, occupait très activement les trois jurys chargés d'attribuer les prix.

Ces animaux avaient été disposés avec beaucoup d'ordre et de manière à permettre à la fois aux jurys de se livrer facilement à l'examen le plus minutieux, et aux spectateurs de jouir du coup-d'œil que présentaient ces beaux animaux.

Ce n'était, en effet, que des sujets de choix qui avaient été amenés au concours.

Il y avait d'un côté, en ligne, 32 jumens poulinières suitées de leurs poulains de l'année et 22 pouliches. Dix prix étaient promis ; il en eut fallu trois fois plus pour répondre au mérite d'une si belle exposition, qui fait le plus grand honneur à nos éleveurs.

L'espèce bovine était représentée par 15 taureaux, 18 vaches et 22 génisses.

Le canton de Plabennec est renommé pour la qualité de ses beurres et on comprenait bien cette réputation en présence des beaux spécimens de l'espèce bovine du pays. Tous avaient les caractères et les signes d'une bonne race laitière et beurrière. Avec de si bons élémens, il faudrait peu d'efforts pour amener cette race à la perfection qu'elle peut atteindre.

Parmi les taureaux il y en avait un étranger au canton, appartenant à l'excellent cultivateur Boulic, qui exploite la ferme de Pencréac'h, commune de Lambézellec, sur la route de Brest à Landerneau. Ce taureau très remarquable avait été amené par son propriétaire, bien qu'il ne pût concourir, afin que chacun pût voir, ainsi que l'avait désiré le bureau du Comice, les résultats que l'on peut obtenir en faisant choix de bons élèves et en leur donnant des soins bien entendus.

L'espèce porcine, quoique peu nombreuse, méritait les prix portés au programme. Il y avait quatre verrats et deux truies d'une bonne conformation.

L'exposition des animaux de basse cour et des produits agricoles avait été disposée avec beaucoup de soin, d'ordre et de goût, dans la grande salle de l'école communale, dont on avait enlevé la cloison et placé les bancs et les tables tout à l'entour et au centre pour y étager depuis le sol jusqu'au plafond tout ce qui avait été présenté.

On comptait 65 exposans. Sauf les beurres qui formaient un concours à part et un ensemble spécial, on avait réuni par groupes distincts et séparés tous les produits exposés par chaque personne, en donnant à ces produits, suivant leur nature, dans l'espace réservé à l'exposant, la place qui convenait le mieux. C'est, nous croyons, la meilleure manière d'organiser l'exposition des produits agricoles, et c'est celle qui facilite le plus le travail du jury, qui donne les prix aux exposans pour l'ensemble de leurs produits et non pas à tel ou tel produit spécialement.

La table destinée au beurre aurait pu être mieux garnie. Il n'y avait que 26 envois, sans doute parce que le temps, qui était à l'orage, avait contrarié nos habiles fermières. Le beurre était d'une qualité supérieure, d'une finesse extrême et fait avec une perfection qu'on ne peut dépasser. Dans le canton de Plabennec, il y a une lutte très vive pour se disputer ces derniers prix, et il en est résulté la perfection dont nous venons de parler.

Il n'a encore rien été produit, dans l'arrondissement, de plus beau que les céréales, les plantes fourragères et les fruits qui ont fait l'admiration générale pendant toute la journée. Les betteraves, les panais, les pommes de terre chardon, les gerbes de blé, attestaient, par leur aspect monstrueux ou magnifique, tout ce que l'homme peut forcer la terre à lui donner, quand il y met de la volonté et de l'intelligence.

Il y avait neuf lots d'oiseaux de basse-cour. Ces lots, bien disposés dans des cages à claire-voie, ont pu être facilement passés en revue, durant toute la journée, par une foule fort empressée et curieuse. Les Cochinchinois et les Brama-Poutra ont décidément envahi tous les pays, et le nôtre, si réfractaire d'habitude aux importations nouvelles, est maintenant rempli de ces volailles à grandes jambes et à estomac dévorant. Ces races exotiques ont certainement le mérite d'être faciles à élever et très rustiques ; mais elles consomment beaucoup, elles pondent des œufs d'un très médiocre volume, et sont peu propres à donner de bonnes volailles à l'état d'engraissement. Plus judicieux dans ses choix et afin d'améliorer vraiment la race du pays, le Comice avait fait venir , pour être donnés en prix, un coq et une poule Crève-cœur. Cette race est la meilleure de toutes pour la qualité de la chair , pour le volume des œufs et la précocité. Le coq Crèvecœur auquel on donnerait de bonnes poules de notre pays produirait des croisemens qui amélioreraient considérablement la race locale et prépareraient pour un avenir prochain de véritables bénéfices à ceux qui s'occuperaient de cette industrie.

Les divers concours avaient été si nombreux et avaient nécessité, de la part des jurys , un examen si approfondi , que ce n'est qu'à deux heures que ces jurys ont pu se réunir à la Mairie pour arrêter le procès-verbal de la distribution des récompenses.

A trois heures, M. le Sous-Préfet , M. le Président du Comice, MM. les Maires, MM. les Recteurs du canton et les Membres du bureau du Comice ont pris place sur l'estrade , qui était décorée avec infiniment de goût et sur laquelle tout avait été prévu et disposé par les soins habiles de M. Moal, Vice-Président du Comice. M. Moal, en sa qualité de Maire de Plabennec, avait bien voulu se charger de toute l'ordonnance de la fête, et il a réussi cette année comme l'année dernière , d'une manière complète.

La place était remplie de spectateurs, les fenêtres des maisons voisines en étaient surchargées sur plusieurs rangs et, malgré l'urgence qu'il y avait ce jour-là pour les cultivateurs à profiter du beau temps et à rentrer leur blé-noir, il n'y avait pas de ferme dans le canton qui n'eût un ou plusieurs représentans à la fête cantonale. Il était même venu beaucoup d'étrangers des cantons voisins et de Brest. On n'éprouvait qu'un regret, mais il était bien vif : c'était d'être privé de la présence de M. le baron de Lacrosse , qui malheureusement n'avait pu venir et en avait lui-même exprimé son vif regret. M. le baron de Lacrosse n'est pas seulement le représentant du canton au Conseil général ; il a rendu d'immenses services à tout l'arrondissement. Il n'y a pas une grande question qu'il n'ait puissamment contribué à éclairer : chemin de fer, port de commerce, pont de Brest, etc.; il n'y a pas d'intérêt local et communal, — écoles de filles, organisation de soins aux malades indigens, etc., — qui ne soit assuré de son appui. Propriétaire aimé de ses fermiers, bon pour tous ceux qui s'adressent à lui, obligeant et empressé pour les plus humbles aussi bien que pour les personnes d'un rang plus élevé, il eût reçu un respectueux et bien cordial accueil du Comice de son canton, et les cultivateurs eussent été fiers de voir un ancien ministre, un dignitaire de l'Etat, venir encourager leurs progrès.

La distribution des récompenses a été précédée de félicitations bien méritées adressées par M. le Sous-Préfet aux hommes intelligens et dévoués au bien public, si nombreux dans le canton de Plabennec, qui ont su donner une si grande importance et un si grand attrait à l'institution utile qu'ils ont fondée. M. le Sous-Préfet a loué surtout le canton du cas qu'il savait faire de la récompense d'honneur proposée à la famille agricole et aux serviteurs ruraux, et de la généreuse émulation qu'elle faisait naître. Il a remercié, au nom de tous les cultivateurs, le jury chargé de décerner ces belles récompenses d'avoir si parfaitement rempli sa mission; mais quand ce magistrat a fait connaître que la médaille d'honneur en or, destinée à récompenser la famille la plus méritante du canton, avait été envoyée par Son Altesse madame la Princesse BACIOCCHI, dont le nom est si aimé dans l'arrondissement de Brest où sa sollicitude et ses bienfaits venaient chercher, tout récemment encore, jusqu'aux habitans de l'île Molène, si éloignés du continent, il y a eu une explosion extraordinaire de joie et de reconnaissance, qui s'est traduite par mille cris de *Vive l'Empereur !* toujours si émouvans chez les Bretons, parce qu'ils partent de leur cœur bien plus que de leurs lèvres.

C'est au nom de l'Empereur que cette noble Princesse, nièce et cousine de nos glorieux souverains, accomplit tant de bien en Bretagne; c'est par le cri de *Vive l'Empereur !* que la population devait et a voulu saluer son gracieux don et a béni sa main si aimée des agriculteurs Bretons.

La distribution des récompenses a commencé, comme dans les autres cantons, par la plus haute et la plus ambitionnée de toutes, par le prix *à la famille agricole.* C'est le digne et estimable fermier François GUENNOC, de Kerbréden, commune de Plouvien, qui a été cette année l'élu du grand jury d'honneur dont nous avons parlé plus haut. Il y a dans le canton bien d'autres chefs de ferme, agriculteurs distingués et chefs de famille recommandables, auxquels le jury aurait voulu décerner une pareille récompense ; mais leur tour viendra plus tard et, pour cette année, la décision du jury a été ratifiée par des applaudissemens unanimes.

L'émotion a été générale quand M. le Sous-Préfet a remis à ce digne agriculteur la belle récompense qu'il avait méritée et lui a serré la main.

Les prix ont été proclamés dans l'ordre suivant :

Famille agricole.

Prix unique : Une médaille d'honneur, en or, à l'effigie de S. M. l'Empereur, — François GUENNOC, fermier à Kerbréden, commune de Plouvien.

Serviteurs ruraux :

1er prix : Une médaille d'honneur, — Guillaume Collin, depuis 36 ans dans la ferme de *Parcyan*, commune de Kernilis.

2e prix : Une médaille d'honneur, — Goulven Lhostis, depuis 32 ans dans la ferme de *Kergoallou*, commune de Plabennec.

Concours de Charrues.

1ᵉ prix, une médaille en bronze et un tarare de
    55 francs,— Breton, goulven, de Lanarvily.
2ᵉ prix, 25 francs, — Berthou , jean , de Plabennec.
3ᵉ prix, 20 francs, — Fagon, de Milizac.
4ᵉ prix, 15 francs, — Abiven, jean, de Plabennec.
5ᵉ prix, 12 francs, — Auffret, hervé, du Drennec.
6ᵉ prix, 10 francs, — Le Gall, ildut , de Plabennec.

Concours d'Animaux. — Espèce chevaline.

Jumens poulinières suitées.

1ᵉʳ prix, 30 francs, — Fagon, de Milizac.
2ᵉ prix, 25 francs, — Adam, louis, de Plabennec.
3ᵉ prix, 20 francs. —Léon,françois, du Bourg-Blanc.
4ᵉ prix, 15 francs, — Gouëz, goulven, de Plabennec.
5ᵉ prix, 12 francs, — Léon , guillaume , du Bourg-
    Blanc.
6ᵉ prix, 10 francs , — Veuve Bihannic , du Drennec.

Pouliches de un an à trente mois.

1ᵉʳ prix, 25 francs, — Fagon, de Milizac.
2ᵉ prix, 20 francs, — Léon, françois, du Bourg-Blanc
3ᵉ prix, 15 francs, — Gouëz , jean-marie , de Pla-
    bennec.
4ᵉ prix, 10 francs, — Laot, jean, de Plouvien.

Espèce bovine.

Taureaux de un an à trois ans.

1ᵉʳ prix, un coupe-racine de 55 francs, — Grall, jac-
    ques, de Kersaint-Plabennec.
2ᵉ prix, 20 francs, — Breton , julien , de Plabennec.
3ᵉ prix, 15 francs, — Fagon, de Milizac.

Vaches laitières.

1ᵉʳ prix, 25 francs, — Adam, louis, de Plabennec.
2ᵉ prix, 20 francs, — Fagon, de Milizac.

3ᵉ prix, 15 francs, — Le Gall, ildut , de Plabennec.
4ᵉ prix, 12 francs, — Pélican , jean , de Plabennec.
5ᵉ prix, 10 francs, — Floch, françois, de Plabennec
6ᵉ prix, 5 francs, — Saout, allain, de Kersaint-Pla-
bennec.

Génisses.

1ᵉʳ prix, 15 francs, — Berthou, jean, de Plabennec.
2ᵉ prix, 12 francs, — Grall, françois, du Drennec.
3ᵉ prix, 10 francs, — Landuré, françois, de Kernilis.
4ᵉ prix, 5 francs, — Guennoc, françois, de Plouvien

Espèce porcine.

Verrats et Truies.

1ᵉʳ prix, 20 francs, — Gestin , françois, du Drennec.
2ᵉ prix, 10 francs, — Pélican, jean, de Plabennec.

Animaux de basse-cour.

1ᵉʳ prix, un coq et une poule de race Crèvecœur ,
— M. Lelann, de Milizac.
2ᵉ prix, 5 francs, — Toulhoat, alain, de Plabennec.
3ᵉ prix, 5 francs, — Veuve Duros, de Plabennec.

Produits agricoles.

Beurre.

1ᵉʳ prix, 12 francs, — Abiven , marie-jeanne , de
Lanhuel, Plabennec.
2ᵉ prix, 10 francs, — Tartu, marie, de Plabennec.
3ᵉ prix, 8 francs, — Abiven , marie-louise, de Plabennec.
4ᵉ prix, 6 francs, — Jacq, marguerite de Plabennec.
5ᵉ prix, 4 francs, — Abiven, marie-jeanne, du bourg
de Plabennec.

Céréales, Racines fourragères, etc.

1er prix, 13 francs, | Adam, louis, de Plabennec.
chacun. | Le Gall, ildut, de Plabennec.
2e prix, 8 francs, — Laot, françois, du Bourg-Blanc.
3e prix, 6 francs, — Abiven, jean, de Plabennec.
4e prix, 5 francs, — Colin, étienne, de Plabennec.
5e prix, 5 francs, — Guiavarch, de Plabennec.

Les prix que nous venons de faire connaître ont été, le plus possible, remis en instruments ; quelques baromètres ont été distribués à la grande satisfaction de ceux qui les ont obtenus. Tous les lauréats, tous ceux aussi qui ont eu des mentions honorables, ont emporté, attaché à leur boutonnière ou à la tête de leurs animaux primés, le signe de la récompense qu'ils avaient méritée, c'est-à-dire une branche de laurier ornée de rubans.

Après la distribution, M. le Sous-Préfet a offert aux Membres du Comice et aux meilleurs cultivateurs du canton des livres d'agriculture, des brochures contenant une notice avec gravures sur les instrumens agricoles perfectionnés, et un grand nombre de graines diverses : pommes de terre Chardon, betteraves globe-jaune, choux branchus du Poitou, dont la propagation sera très utile dans le canton.

L'empressement des cultivateurs à recevoir ces excellentes variétés de plantes agricoles et leur promesse de donner à leur culture les soins indiqués dans les notices qui les accompagnaient, témoignent du désir qu'ont les bons fermiers de réaliser toutes les améliorations qu'on leur indique.

A quatre heures et demie tout était terminé, et les habitans du canton, heureux de leur journée et se donnant rendez-vous au concours de l'année prochaine, regagnaient chacun leur demeure sans que le plus petit désordre se fût produit.

A cinq heures tout le monde était parti et il ne restait de cette journée que de bonnes impressions.

———

IX.

Concours agricole de Lannilis.

Le vendredi , 7 octobre 1859 , le canton de Lannilis a eu son concours et sa fête agricoles.

Le Comice , établi depuis quelques mois, révélait son existence par cette première fête au chef-lieu du canton. Les résultats de cette réunion, en quelque sorte improvisée , ont dépassé ce que l'on pouvait espérer : il semblait que chacun fût désireux de témoigner de ses sympathies pour la nouvelle association.

Les autorités civiles et religieuses du canton s'y étaient donné rendez-vous , et M. le Sous-Préfet était venu présider à cette première manifestation d'une institution depuis long-temps désirée.

Les cultivateurs des diverses communes, les horticulteurs y étaient accourus en foule , chacun apportant son tribut.

Les dames du chef-lieu et des environs n'étaient pas seulement venues à cette fête champêtre admirer les produits de nos champs; elles avaient préparé les nœuds de rubans et les bouquets destinés aux lauréats, ou su donner encore plus de prix aux fruits exposés , par la grâce avec laquelle elles avaient dressé les pyramides et les corbeilles ; on en remarquait surtout où les plus beaux fruits reposaient sur la mousse entremêlés de fleurs : ces corbeilles de fruits venaient du coteau de Paluden et avaient un cachet tout particulier d'élégance et de bon goût.

Les plantes fourragères de toutes les espèces, choux, betteraves, panais, carottes, les produits du jardin potager, y étaient représentés de la manière la plus remarquable.

Un cultivateur de Plouguerneau avait présenté un échantillon d'un seigle dont il avait fait l'essai et obtenu d'excellents résultats. Son grain, aussi gros que celui du froment et plus long, a donné une farine d'excellente qualité ; sa paille est longue et bien nourrie.

Les basses-cours avaient aussi largement fourni leur contingent, et on voyait des volailles de diverses espèces et de la plus grande beauté.

De nos étables étaient venues plusieurs vaches laitières fort bien choisies et dont les beurres attestaient les bonnes qualités ; il y avait aussi des génisses de la plus belle espérance.

Les taureaux seulement laissaient beaucoup à désirer. Les verrats manquaient presque complètement. Enfin plusieurs juments suitées et plusieurs pouliches pouvaient aussi attirer l'attention des connaisseurs.

Le fermier du domaine de Kergroas, situé près du champ de foire, avait mis un de ses champs à la disposition du Comice. Le concours a eu lieu, sans distinction, entre les charrues du pays et les araires ; les premières travaillaient en petits billons, les seconds en planches.

Il a été facile de se convaincre que si la charrue du pays satisfait aux conditions exigées pour la culture des céréales, elle ne peut, sans le secours de nombreux ouvriers, exécuter le travail nécessaire à la culture des plantes fourragères qui demandent une terre profondément labourée et bien ameublie.

Les commissions composées d'hommes spéciaux ont tout examiné avec la plus scrupuleuse attention et ont remis à M. le président du Comice le résultat de leurs opérations.

Une estrade avait été dressée à l'entrée du parc de Madame de Kerdrel, par les soins de M. le trésorier du Comice, et les instrumens à donner en prix, groupés avec art et garnis de fleurs et de feuillages, décoraient cette estrade de la manière la plus gracieuse.

M. le Sous-Préfet et toutes les autorités du canton y ont pris place.

M. le président du Comice a dit en peu de mots l'histoire et les besoins de l'agriculture du canton, le but et la nécessité d'un Comice établissant entre les cultivateurs des rapports plus intimes et plus suivis ; il a insisté sur l'opportunité de l'introduction des plantes industrielles dans une culture aussi avancée que celle du canton, et a signalé les progrès, dans cette voie, de la commune de Plouguerneau qui a consacré cette année à la culture du lin quatre-vingt-dix-huit hectares de ses bonnes terres.

Il a terminé en rappelant que l'établissement du Comice était dû surtout à M. le Sous-Préfet, qui avait pris l'initiative dans cette circonstance, et en exprimant à ce magistrat, au nom du Comice, toute sa reconnaissance.

M. le Sous-Préfet a remercié le Comice des paroles qu'avait bien voulu exprimer son honorable président à son égard ; mais il a dit combien était plus grand le mérite de ceux qui mettaient en œuvre l'idée qui leur était proposée, qui avaient la fatigue, les soins, les difficultés, les peines sans nombre inhérentes à l'organisation de toute institution nouvelle. Il est vrai, a-t-il ajouté, que les fondateurs zélés du Comice ont trouvé partout, de la part de MM. les Maires, si dévoués au bien public, du respectable clergé du canton, de tous les cultivateurs, le meilleur concours. M. le Sous-Préfet a exposé les avantages que cette association, déjà solide, ne peut manquer de procurer au canton, et il a terminé en assurant le Comice de toute la bienveillance du gouvernement et de sa sollicitude pour tout ce qui touche aux intérêts et au bien-être du cultivateur.

Il a ensuite été procédé à la distribution des prix.

Famille agricole.

La commission avait à se prononcer entre deux pères de famille : le sieur KERANDEL, Yves, de Lannilis, et le sieur KERDRAON, René, de Plouguerneau. Tous deux réunissaient tellement les qualités voulues pour obtenir le prix, que la commission n'a pas voulu que le sort pût décider entre deux hommes d'un égal mérite. Une médaille d'argent, à l'effigie de S. M. l'Empereur, a donc été décernée à chacun d'eux.

Serviteurs ruraux.

La première médaille a été décernée à SALOU, Guillaume, valet de ferme à Kerlerver, commune de Plouguerneau. Depuis vingt-cinq ans il est au service de la famille Cabon ; après la mort du père il a pris soin des enfans et dirigé la ferme ; il est encore aujourd'hui bien plus leur ami et leur conseiller que leur serviteur.

La seconde médaille a été donnée à Marie FRANCÈS, de Guissény. Entrée en 1814, à l'âge de douze ans, chez les époux Le Roy, elle a su mériter constamment la confiance de ses maîtres. A la mort de la femme Le Roy, elle s'est chargée d'élever ses trois enfans dont le plus âgé avait six ans. Aujourd'hui encore, Yves Le Roy, l'un des enfants élevés par elle vient de perdre sa femme et Marie Francès sert de mère à sept enfants dont l'aîné n'a que treize ans et le plus jeune cinq mois.

L'émotion de ces braves serviteurs a été visible, lorsque mesdames de Poulpiquet et de Kerdrel leur ont remis les médailles qu'ils avaient si bien méritées.

Concours de Charrues.

1er prix. — Kerboul, cultivateur à Lannilis.
2e prix. — L'Hour, yves, de Plouguerneau.
3e prix. — Paul d'Enescadec, de Plougnerneau.
4e prix. — G. L'hostis, cultivateur à Lannilis.

Concours d'Animaux.

Jumens poulinières suitées.

1er prix. — Chever, adjoint-maire à Guissény.
2e prix. — D'Enescadec, françois-paul, de Plouguerneau.
3e prix. — Deniel, du Cosquer, de Plouguerneau.
4e prix. — Toussec, yves, de Plouguerneau.
5e prix. — Talarmin, yves, de Lannilis.

Pouliches de deux ans.

1er prix. — Corre, gabriel, de Lannilis.
2e prix. — Le Gendre, de Lannilis.

Pouliches d'un an.

1er prix. — Colin, de Kerdesan, Plouguerneau.
2e prix. — Guillermou, de Lessice, Lannilis.

Espèce bovine.

Taureaux.

1er prix. — Gourvennec, de Leur-ar-Lunen, Lannilis.
2e prix. — Léon, de Trous-ar-c'hant, Lannilis.
3e prix. — Uguen, de Foulduff, Lannilis.

Vaches laitières.

1er prix. — Laot, de Kervenan, Lannilis.
2e prix. — Floch, de La Fosse, Lannilis.
3e prix. — Kerboul, de Keramoal, Lannilis.
4e prix. — Le Verge, françois, de Kerdrel, Lannilis.

Mentions honorables : Le Corre , de Lannilis.
Bossard , de Lannilis.
Saliou , goulven, de Lannilis.
de Kerdrel , de Lannilis.

Animaux de basse-cour.

MM. Huyot , de Bel-Abri , Lannilis.
Halligon , du Roual , Lannilis.

Produits agricoles.

MM. Bossard, yves, de Lannilis.
Le Coq , jardinier à Kerouartz , Lannilis.
Huyot , de Bel-Abri , Lannilis.

X.

Concours agricole de Daoulas.

Daoulas a eu mercredi , 12 octobre , son premier concours cantonal et sa première fête agricole, et nous doutons qu'il puisse jamais , même après de longues années d'existence , avoir une plus grande et plus belle journée.

Dès 9 heures du matin , en effet , arrivaient de tous les côtés les charrues qui devaient concourir, les animaux , les produits agricoles et, par-dessus tout , une foule si considérable que pendant toute la journée en ont été remplis et les champs où luttaient les laboureurs et la route qui y conduisait sur une longueur d'un kilomètre, et le bourg et l'exposition des produits agricoles , tout ce qui pouvait enfin donner place à cette vive et heureuse population de la Cornouaille , qui aime le bruit et les fêtes, et y accourt à la première invitation qui lui en est faite.

Le soleil était de la fête et d'autant mieux apprécié qu'il faisait la veille un temps affreux. A 10 heures, M. le Sous-Préfet et M. le Président du Comice, accompagnés de MM. les Membres du bureau et du Comice, se sont rendus aux champs du labourage. Il y en avait quatre fort grands et cependant à peine suffisans pour recevoir les nombreux laboureurs qui s'étaient fait inscrire. 55 charrues, en effet, avaient répondu à l'appel, et il a fallu l'admirable organisation qui avait présidé à toutes les parties du concours et notamment à celle-là, pour qu'en moins d'une demi-heure, ces 55 charrues se trouvassent chacune en face du numéro qui leur était échu au sort, prêtes à partir au premier roulement du tambour.

A 10 heures 1|2 tout était en action, et dès les premiers sillons on put voir que c'étaient des maîtres en l'art de labourer qui tenaient la charrue. Les charrues, du reste, nous le disons avec orgueil pour le canton de Daoulas, étaient dignes des bras vigoureux et habiles qui les dirigeaient. Sur 55, en effet, on en comptait 43 de la dernière perfection, 43 araires sans avant-train. Il y avait, en outre, 3 charrues Dombasle avec avant-train. 9 charrues du pays seulement s'étaient présentées, et encore, par égard pour leur infériorité, on leur avait accordé la faveur de concourir à part pour des prix spéciaux. Les attelages répondaient au mérite des laboureurs et à la perfection des instrumens qu'ils étaient chargés de conduire. Ils se composaient invariablement pour chaque araire de deux chevaux, dont quelques uns étaient si bien dressés au travail qu'on leur demandait qu'ils marchaient sans conducteur, obéissant uniquement à la voix du laboureur qui tenait les mancherons de la charrue. On ne peut voir rien de plus intéressant, de plus animé et de

plus pittoresque que le spectacle qu'a présenté
pendant deux heures ce magnifique concours.
Comme à Ploudiry, à Lesneven, à Plabennec
et à Lannilis, les enfans des écoles du canton
formaient de longues lignes au pied des talus,
séparés de loin en loin par leurs instituteurs,
qui étaient chacun à la tête de leur école comme un capitaine à la tête de sa compagnie.
Parmi ces gracieux enfans on remarquait le
petit bataillon aux brillantes couleurs des
Plougastels. Les cultivateurs groupés en rangs
pressés tout à l'entour des champs ou cou-
ronnant les talus, le mouvement des attelages, les beaux paysages que l'œil décou-
vrait de tous les côtés : tout cela, éclairé
par un brillant soleil d'automne, formait un
beau tableau qui eût pu charmer les plus délicats dans la contemplation des scènes champê-
tres et des beautés de la nature. Ce n'est qu'à
midi et demi que les charrues ont évacué les
champs, et que la foule, sur l'invitation des
commissaires, s'est résignée à se porter ailleurs. Le jury alors est venu prendre possession
du terrain où l'étendue et la perfection du travail
lui créaient une tâche bien laborieuse.

De ce point on s'est porté en masse sur le
champ de foire, ombragé de grands arbres, où
avaient été réunis les animaux, les oiseaux de
basse-cour et les produits agricoles, et au sommet
duquel avait été élevée une estrade pour la distribution des récompenses. A ce moment nous
avons entendu une personne, habituée à éva-
luer ce que peut contenir une surface donnée,
estimer à 10 ou 12 mille le nombre d'hommes,
de femmes et d'enfans qui couvraient la route,
les rues du bourg et le champ de foire.

Le concours des animaux a été bien loin de va-
loir le concours des charrues. L'espèce chevaline
était médiocre, comme qualité et comme nombre,
et cependant le programme contenait des prix

distincts pour la race de trait et la race des bidets, et l'on avait admis à se disputer ces prix les étalons, les juments suitées, les poulains et les pouliches, c'est-à-dire toute la famille chevaline. D'après ce que nous avons vu, il semble que les encouragemens du Comice pourraient être avantageusement reportés sur l'espèce bovine, l'espèce ovine et l'espèce porcine, qui sont appelées à jouer un grand rôle dans le canton.

L'espèce bovine n'était représentée que par 21 animaux : 3 taureaux fort médiocres, 18 vaches et génisses très belles. Hâtons-nous de dire que les cultivateurs qui avaient amené ces 21 animaux avaient encore bien du mérite, car le programme n'offrait que de bien petits encouragemens. Heureusement, l'année prochaine, les ressources du Comice seront doublées et même très probablement triplées, et les récompenses qu'il proposera seront de nature à attirer ce que nos fermes peuvent contenir de bon et de beau. Nous savons qu'un grand nombre de taureaux de choix existent dans le canton.

L'exhibition de l'espèce ovine donnait une plus juste idée de la richesse du canton à cet égard. Il n'y avait que 14 béliers et brebis, il est vrai ; mais, par l'ampleur des formes, par la longueur et la finesse de la laine, ils attestaient le perfectionnement apporté déjà dans la race du pays. Ce perfectionnement est dû à quelques béliers anglais de race Dislhey, importés dans le pays, il y a un certain nombre d'années, par M. de Pompery père. Ainsi il a suffi, tant sont puissantes les races pures et anciennes, de quelques gouttes de sang Dislhey pour laisser des traces profondes chez les moutons de ce canton. Le bélier Dislhey cependant n'était pas celui qui convenait le mieux à nos brebis. C'est le bélier Southdown, de formes non moins perfectionnées, mais plus rustique et ne craignant aucune intempérie, qu'il faudrait introduire dans nos bergeries.

L'espèce porcine était représentée par trois verrats et une truie. Ces animaux étaient comme tous ceux du pays, grands, osseux, pourvus de longues jambes et de grosses têtes. Les porcs ne sont pas faits pour gagner des prix à la course, mais pour être portés à la boucherie. Il faut donc supprimer tout ce que l'on peut de leur charpente, des jambes et de la tête. On a fait en Angleterre des animaux de ce genre qui sont des modèles que nous devrions imiter ou plutôt nous approprier et substituer sans transition à la race défectueuse que nous possédons. Espérons que nos fermiers le comprendront bientôt et préféreront des porcs que l'on engraisse à un an, qui deviennent monstrueux en quelques mois et dans la masse desquels on ne trouve que de la chair et de la graisse et à peine le poids d'os nécessaire à leur structure.

Les animaux de basse-cour étaient peu nombreux et peu dignes d'attention.

Quant aux produits agricoles, ils présentaient au pied de l'estrade, dans un bel ordre, un coup-d'œil remarquable. Aussi, depuis le matin jusqu'à la distribution des récompenses, n'ont-ils pas cessé d'attirer la foule et de provoquer les exclamations. Le beurre, les céréales, les plantes fourragères, le lin, les légumes et les fruits de toute sorte, attestaient avec profusion les richesses agricoles que peut fournir le canton.

Il y avait des fraises et des framboises de Plougastel, des citrouilles qui pesaient 58 kilos, des noix grosses comme des pêches, des marrons gros comme des œufs, des pommes de terre Chardon du poids moyen d'un demi-kilogramme, etc.

Les jurys se sont réunis à 2 heures dans le salon de M. le Maire de Daoulas, et ce n'est qu'à 3 heures que la distribution des récompenses a pu commencer.

Toutes les familles du canton étaient représentées à cette magnifique réunion. Les dames de Daoulas et des communes voisines avaient préparé les nœuds de rubans destinés aux lauréats et étaient venues jouir de leurs triomphes. La population était heureuse de voir à sa tête, comme dans toutes les circonstances importantes de sa vie, les autorités civiles et religieuses, et les propriétaires et les fermiers qui donnent l'exemple du progrès agricole. M. le Président du Comice, M. le Maire de Daoulas, MM. de Goëbriant, M. Fouillard, M. le Taro, tous ceux enfin qui, comme commissaires de la fête ou Membres des divers jurys et du Comice, avaient participé à l'organisation d'un si beau concours et d'une si belle fête, ont été bien récompensés en ce moment de leurs peines et de leurs efforts par le beau spectacle qu'ils avaient sous les yeux, et par la reconnaissance de tout le canton dont M. le Sous-Préfet s'est rendu l'organe à leur égard.

La grande médaille d'honneur à la famille agricole a été, comme dans les autres cantons, proclamée au milieu de l'émotion et des applaudissemens les plus sympathiques.

Les prix aux serviteurs ruraux ont été accueillis avec non moins de satisfaction. Le canton, représenté par dix mille de ses habitans, a battu des mains en l'honneur de ces bons serviteurs, modèles des vertus cachées, vertus qui n'en sont pas moins belles pour être simples et modestes, et qui se continuent, sous les yeux des mêmes maîtres, depuis 46 ans pour le premier des lauréats, et depuis 31 ans pour la bonne servante de la ferme du Fresq.

Les prix ont été proclamés dans l'ordre suivant :

Famille agricole.

Prix unique : Une grande médaille d'honneur, en argent, à l'effigie de Sa Majesté l'Empereur, — MORVAN, yves, de Leur-ar-Hardis, Daoulas.

Serviteurs ruraux.

1er prix : une médaille d'honneur, — Le Cann, pierre,
du Cosquer Saint-Jean , Plougastel.

2e prix : une médaille d'honneur, — Herrou, cathe-
rine, du Fresq , Plougastel.

Concours de Charrues.

Araires.

1er prix : une médaille et un araire de 55 fr., — Guer-
meur, jean-françois, d'Irvillac.

2e prix : un araire n° 3 , de 55 fr., — Moré , jean-
françois, de Hanvec.

3e prix : une herse Valcourt, de 35 fr., — Gourmelon,
guillaume, de Hanvec.

4e prix : un livre d'agriculture et graines diverses ,
— Kervern, christophe, de Loperhet.

5e prix : un livre d'agriculture et graines diverses ,
— Cuff, françois, de Rumengol.

6e prix : un livre d'agriculture et graines diverses ,
— Saliou, françois, de Hanvec.

7^e prix : un livre d'agriculture et graines diverses ,
— Brelivet, jean-marie, de Hanvec.

8^e prix : un livre d'agriculture et graines diverses .
— Crenn, guillaume, d'Irvillac.

9^e prix : un livre d'agriculture et graines diverses,
— Brenaut , pierre , de Hanvec.

10^e prix : un livre d'agriculture et graines diverses ,
— Brelivet, charles, de Hanvec.

Mentions honorables : — Le Bot , jean , de Logonna.
— Balay, jacques, de l'Hôpital.
— Labous , françois , de Ru-
mengol.
— Meur, françois, d'Irvillac.

Charrues du Pays.

1er Prix : une herse Valcourt, de 35 fr., — Goasdoué,
yves, d'Irvillac.

2ᵉ prix : un livre d'agriculture et graines diverses,—
  Galéron, jacques, de Logonna.

3ᵉ prix : graines diverses, — Runavot, guillaume,
  de Logonna.

Concours d'Animaux. — Espèce chevaline.

Race de trait. — Etalons.

Prix : 20 fr., — Vigouroux, jean-marie, de Loperhet.

Jumens poulinières suitées.

1ᵉʳ prix : 20 francs,— Pédel, claude, de Loperhet.
2ᵉ prix : 10 fr., — Vigouroux, claude, de Loperhet.
3ᵉ prix : un livre d'agriculture et graines diverses,
  —Le Bot, françois de Plougastel.

Poulains et Pouliches.

1ᵉʳ prix : 10 francs,— Madec, françois, de Loperhe
2ᵉ prix : un livre d'agriculture et graines diverses, —
  Moguérou, françois, de Loperhet.
3ᵉ prix : graines diverses. —Calvez, jean-marie, de
  Loperhet.

Race bidette. — Etalons.

Prix: 20 francs,— Cann, jérôme, de Logonna.

Jumens poulinières suitées.

Prix : 20 francs, — Le Bras, corentin, de Hanvec.

Poulains et Pouliches.

1ᵉʳ prix : 10 francs, — Saliou, françois, d'Irvillac.
2ᵉ prix : un livre d'agriculture et graines diverses,—
  Galéron, jean, de Saint-Urbain.
3ᵉ prix : graines diverses, — Maguet, michel, de
  Saint-Urbain.

Espèce bovine.

Taureaux.

Prix : un livre d'agriculture et graines diverses, — Queffélec, rené, de Hanvec.

Vaches laitières.

1er prix : 20 francs,— Mésangroas, de Rumengol.

2e prix : 15 francs,— Kerdraon, yves, de Daoulas.

3e prix : 10 francs,— Goubin, cyriaque, de Loperhet.

4e prix : 10 francs,— Diverrès, pierre, de l'Hôpital.

5e prix : Graines diverses, — Quillien , françois, de Daoulas.

Génisses.

1er prix : 20 francs , — Kerdoncuff, jean-louis , de Saint-Urbain.

2e prix : 10 francs, — Quillien, françois, d'Irvillac.

3e prix : 5 francs.— Le Goff, guillaume, d'Irvillac.

4e prix : graines diverses , — Kervella , pierre , de Plougastel.

5e prix : graines diverses, — Galéron, jean, de Saint-Urbain.

6 prix : graines diverses,— Denniel, joseph, de Hanvec.

Espèce ovine.

Béliers.

1er prix : 6 francs, — Renambot , guillaume, de Logonna.

2e prix : 4 francs, — Kerdoncuff, jean-françois , de Daoulas.

Brebis.

1er prix : 6 francs, — Monfort, christophe, d'Irvillac.

2e prix : 4 francs, — Tréguier, urbain, d'Irvillac.

Espèce porcine.

Verrats.

Prix : 5 francs, — Costéou, jean-louis, de Hanvec.

Truies.

Mention honorable.— Costéou, jean-louis, de Hanvec.

Animaux de basse-cour.

Prix : Graines diverses,— Macquer, de Logonna.

Produits agricoles et horticoles.

Beurre.

1ᵉʳ prix : — Kerdoncuff, de Daoulas.
2ᵉ prix : — Ferrec, de Daoulas.

Céréales, racines fourragères, légumes, fruits, etc.

1ᵉʳ prix : — Madec, noël.
2ᵉ prix : — Arnot, alain, de Plougastel.
3ᵉ prix : — Penaguer, françoise, de Daoulas.
4ᵉ prix : — Vallée, de Hanvec.
5ᵉ prix : — Cozanet, pierre.
6ᵉ prix : — Paul, instituteur de Hanvec.
7ᵉ prix : — Ascouët, marguerite, d'Irvillac.

La fin de la distribution des récompenses a été interrompue par un accident qui heureusement a été sans suites fâcheuses. Des gradins placés derrière l'estrade, chargés de plusieurs centaines de personnes, ont tout-à-coup cédé à la pression qu'exerçait sur eux une foule compacte qui s'y appuyait par derrière, et ils se sont en un instant écroulés comme un château de cartes. Il n'en est heureusement résulté que ceci : c'est que les personnes des gradins supérieurs sont tombées debout sur leurs pieds et celles des gradins inférieurs se sont trouvées assises par terre. Du reste, aucune contusion, pas même la plus petite égratignure.

A 4 heures 1|2, la distribution des récompenses était terminée. MM. les membres du Comice ont

invité M. le Sous-Préfet à un banquet. Là encore
le bon goût de MM. les commissaires de la fête
se manifestait par la parfaite disposition des
choses et les décorations de la salle. Ce banquet,
auquel présidaient un ordre parfait et la plus
franche cordialité, s'est terminé par un beau
toast à l'Empereur, que M. le président du Comice, M. Cyriaque Goubin, a porté en des termes
qui ont transporté l'assemblée et fait retentir les
plus patriotiques acclamations, les cris de : *vive
l'Empereur, vive l'Impératrice, vive le Prince
Impérial*, comme si LL. MM. étaient encore là,
sur cette route de Daoulas où elles furent l'objet,
l'année passée, d'une si chaude manifestation de
dévouement et d'amour.

L'émotion durait encore quand M. le Sous-
Préfet a pris la parole. M. le Sous-Préfet a d'abord
félicité les représentans du canton d'avoir exprimé si bien les sentimens des agriculteurs. Il
a ensuite remercié, au nom des cultivateurs, les
fondateurs du Comice dont le zèle et le dévouement avaient obtenu déjà de si grands résultats.
Puis, se faisant l'organe de leur gratitude et de
leurs sympathies, il a porté la santé de leur honorable président, « du brave capitaine de vais-
» seau qui, après une longue carrière vouée à
» son pays, après avoir porté avec honneur le
» drapeau de la France sur les plages les plus
» lointaines et traversé tant de périls, de retour
» au pays natal et toujours animé de l'amour du
» bien public, veut bien servir encore son pays
» comme Maire de sa commune et comme Pré-
» sident du Comice agricole de son canton. »

Ces paroles ont été couvertes d'applaudissemens.

M. Th. de Pompery a terminé par un toast
à l'union des propriétaires et des cultivateurs.
Nous savons tous que ce ne sont pas là, dans sa
bouche, de vains mots ; car depuis 20 ans MM.
Théophile et Henry de Pompery sont, dans le

canton du Faou, les éducateurs pleins de foi, fervents, patients, triomphants, des cultivateurs qui les entourent. Chacun a adhéré et battu des mains à ce vœu.

M. Dubois de Montmorin a chanté quelques couplets du chant mélancolique si connu : *J'ai deux grands bœufs dans mon étable*, d'une voix si pleine et si belle qu'on eût voulu l'entendre plus long-temps.

C'est à la clarté d'une magnifique aurore boréale, empourprant le ciel comme un incendie, que les retardataires ont pu, vers huit heures du soir, regagner leur demeure et aller se reposer d'une journée utilement et agréablement remplie.

XI.

Concours agricole de Saint-Renan.

Les Comices sont comme les jours, ils se suivent mais ne se ressemblent pas. Nous avons dit qu'à Daoulas avait eu lieu un magnifique concours de 55 charrues, dont 43 araires. Le lendemain jeudi, 13 octobre, à Saint-Renan, dans un champ immense qui eût pu en contenir 30, on voyait cinq charrues du pays, qui étaient venues se disputer 6 prix annoncés par le programme ! Ce concours n'a pas été toutefois sans intérêt, et voici comment : l'excellent M. Mével, Président du Comice, voulant en faire une occasion d'enseignement pour les cultivateurs de son canton, qui sont assez habiles pour manier l'araire, quand ils le connaîtront, aussi bien que qui que ce soit, avait fait venir un très obligeant laboureur de Lambézellec, Prigent Boulic, avec son araire, attelé de deux chevaux. Quand les 5

charrues du pays eurent terminé leur travail, M.
le Président du Comice invita tous les cultivateurs présens à se placer sur deux lignes et pria
les frères Boulic de montrer ce que l'on peut
faire avec l'araire. Ce fut un vrai cours de labourage. La supériorité de l'araire devint mani-
feste. Et cependant plus d'un cultivateur, jetant
un regard d'attachement à la vieille charrue de
bois, compagne de ses travaux, n'en convint pas,
ce qui inspira, sur le lieu même, à l'Ermite de
Saint-Goulven, dont la muse gracieuse et char-
mante sait tout chanter, les couplets suivans :

I.

« Il pleut, il pleut, je me désole,
» Hier le temps était plus beau ;
» Saint-Renan, ta fête agricole
» Hélas ! vient de tomber dans l'eau.
» Pour primer les pommes de terre
» Le soleil eût été si doux !
» Mais Dieu nous déclare la guerre...
» Il pleut, il pleut, rentrons chez nous.

II.

» Que vous dirai-je des charrues ?
» J'en ai vu cinq en mouvement,
» Qui semblaient être des tortues
» Marchant toujours en reculant.
» C'était encor le vieux système,
» Nos paysans y tiennent tous ;
» C'était le soc de Triptolème...
» Il pleut, il pleut, rentrons chez nous.

III.

» Mais tout-à-coup je vois l'araire,

» Boulic le fait agir soudain ;

» Admirez comme il fend la terre,

» Comme tout cède sous sa main.

» Nos routiniers à cette vue,

» Au lieu d'applaudir à genoux,

» Disaient, ramenant leur charrue :

» Il pleut, il pleut, rentrons chez nous. »

Malgré cela la bonne idée de M. le Président du Comice portera ses fruits, nous n'en doutons pas, et l'année prochaine les laboureurs de Saint-Renan sauront faire voir à leur tour ce dont ils sont capables.

Mais si le Concours agricole de Saint-Renan a été faible pour le labourage, il s'est grandement distingué par l'exhibition des animaux reproducteurs.

Il est difficile de voir une réunion de jumens poulinières suitées et de pouliches aussi remarquable. Ces animaux étaient disposés par ordre sur une longueur de 200 mètres et l'espace semblait manquer encore pour les contenir tous. Mais leur beauté frappait plus encore que leur nombre. Nous avons vu le jury mettre à part, dans un premier classement, 20 jumens suitées et 41 pouliches qui eussent toutes été dignes des plus belles récompenses. Encore quelques efforts, et les intelligens éleveurs du canton de Saint-Renan, qui ont déjà acquis une si grande réputation, le disputeront à quelque pays que ce soit pour la production des beaux chevaux.

L'espèce bovine n'était ni moins nombreuse ni moins digne d'attention. Elle comprenait 95 têtes : 20 taureaux, 46 vaches et 29 génisses.

La plupart des taureaux étaient de la race bretonne Pie-noir, si excellente pour le lait et pour
le beurre. Ces taureaux avaient dans leur conformation les défauts de leur race qu'on ne
peut faire disparaître que par une longue sélec-
tion ; mais ils en avaient aussi les qualités,
c'est-à-dire des membres fins, une peau souple
et surtout les plus belles marques laitières avec
ces couleurs safranées qui indiquent les qualités
butireuses.

Les vaches étaient toutes des bêtes de choix
déjà éprouvées et produisant beaucoup.

Quant aux génisses leur ensemble attestait
les choix judicieux et intelligens que font de
plus en plus les cultivateurs pour améliorer
leurs étables.

Les verrats au nombre de 9 étaient, comme
ceux de Daoulas, haut montés, à dos étroit et
voûté, et bien loin de ce type à petite tête,
à courtes jambes et à corps cubique, que nos
fermiers auraient tant de profit à se procurer et
à substituer complètement à la race du pays.

Les animaux de basse-cour présentaient plusieurs lots qui attiraient l'attention. Au milieu
d'eux on distinguait le coq et la poule Crèvecœur que le Comice avait fait venir du Calva-
dos pour être donnés en prix, et qui sont de
race si pure et si parfaite qu'ils laisseront certainement dans nos basses-cours, avant peu de
temps, de fortes empreintes.

Les produits agricoles et horticoles étaient
aussi beaux que nombreux et nous avons vu
rarement une plus grande variété d'objets de
tout genre. La soude elle-même à laquelle l'agriculture a déclaré une si rude guerre depuis
quelque temps, était venue innocemment se
placer au milieu des panais, des choux-pommes
et des betteraves. C'était l'envoi de l'île Molène,
qui y avait joint deux superbes langoustes et un
homard dignes de figurer sur la table d'un roi,
mais qui se trouvaient si dépaysés dans ce

monde étranger pour eux, qu'on avait peine à contenir leurs soubresauts et à les maintenir à leur place.

On savait gré aux Iliens de Molène d'avoir envoyé ce produit de la vaste mer que la Providence leur a donnée à exploiter. On n'éprouvait qu'un regret, c'est que ce fruit des rudes fatigues et des dangers auxquels ils s'exposent leur fût si misérablement payé. Ces énormes langoustes de Molène, en effet, renommées entre toutes pour leur délicatesse et qui se vendent si cher à Paris et dans les grandes villes du centre où on les transporte, ne sont payées aux pauvres pêcheurs que 8 francs la douzaine, pendant une très grande partie de l'année ; et encore en faut-il très souvent, pour faire une douzaine, vingt ou trente, quand elles n'atteignent pas une grosseur déterminée.

Les divers jurys quoique nommés tardivement ont pu, grâce au zèle et aux connaissances spéciales des membres qui les composaient, s'acquitter de leur tâche avec tout le soin nécessaire.

La distribution toutefois n'a pu avoir lieu qu'à 3 heures 1|2. Heureusement, depuis midi, le soleil avait chassé la pluie, et à ses doux rayons les heures passaient agréablement. L'estrade avait été placée à l'entrée de la ville de Saint-Renan, sur la route de Brest, dans une prairie d'où l'on dominait un des plus beaux paysages du Finistère. Là, comme dans les autres cantons, M. le Sous-Préfet était venu présider à la première fête agricole que donnait Saint-Renan. M. le Président du Comice et tous les membres du bureau étaient présents. MM. les Maires et plusieurs de MM. les Recteurs du canton étaient venus également encourager de leur présence les travaux des cultivateurs. On remarquait en outre avec plaisir quelques étrangers qui avaient mis un gracieux empressement à se rendre à l'invitation du Comice.

M. le Président du Comice et M. le Sous-Préfet ont successivement donné aux cultivateurs les explications et les conseils dont ils avaient besoin.

Le prix à la famille agricole a trouvé dans le canton de bien dignes et sérieux concurrents. Il y en avait un entr'autres, vieillard respectable, doyen des cultivateurs, chef de famille excellent autant qu'habile agriculteur, qui réunissait plusieurs des titres exigés pour une si haute récompense; mais ce digne vieillard, maire de sa commune depuis 52 ans, agissant avec le désintéressement et la délicatesse qu'avaient déjà montrés dans une circonstance semblable les maires d'un canton voisin, a déclaré qu'étant maire de sa commune et à ce titre membre du jury, il désirait, quelque prix qu'il attachât à cette distinction, la voir décerner à un autre.

M. le Sous-Préfet et le Comice ont apprécié comme ils le méritaient des sentimens si délicats et un désintéressement qui était d'autant plus méritoire que la famille qu'a élevée M. Le Bras, maire de Plouarzel, est une des plus estimables du canton et eût seule suffi à lui créer bien des titres à la grande médaille d'honneur.

Les prix et les noms des lauréats ont été proclamés ainsi qu'il suit :

Famille agricole.

Prix unique : une grande médaille d'honneur en argent, à l'effigie de S. M. l'Empereur, — KÉRÉBEL, Servais, propriétaire-cultivateur à Kervrouan, commune de Ploumoguer.

Serviteurs ruraux.

1er prix : une médaille d'honneur, — Lhostis, jean, depuis 43 ans chez Joseph Cloâtre, fermier à Kerisan, commune de Ploumoguer.

2e prix : une médaille d'honneur. — Le Dot, anne, depuis 35 ans dans la même famille, commune de Plouarzel.

Concours de Charrues.

1er prix : 25 francs, — Salaun, françois, de **Plouzané**
2. prix : 15 francs, — Cozien, jean, de **Plouarzel.**
Mention honorable. — Bernicot, rené, de **Ploumoguer.**

Animaux reproducteurs. — Espèce chevaline.

Jumens poulinières suitées.

1er prix : un baromètre et 15 francs, — Léaustic, rené, de **Plouzané.**
2e prix : 20 francs, — Petton, guillaume, de **Trébabu.**
3e prix : 15 francs, — Cloatre, rené, de **Ploumoguer.**
4e prix : 10 francs, — Veuve Auffret, de **Plougonve-**lin.
5e prix : 5 francs, — Le Bras, pierre, maire de **Plouarzel.**
Mention honorable. — Bilcot, tanguy, de **Plouarzel.**

Pouliches.

1er prix : un baromètre et 10 francs, — Bilcot, yves, de **Plouarzel.**
2e prix : 15 francs, — Veuve Michel, de **Plougonve-**lin.
3e prix : 12 francs, — Lannuzel, joseph, du **Conquet.**
4e prix : 10 francs, — Labbé, claude, de **Ploumoguer.**
5e prix : 8 francs, — Perrot, rené, du **Conquet.**
6e prix : 5 francs, — Mazé, olivier, du **Conquet.**
Mentions honorables. — Petton, hamon, de **Ploumo-**guer.

— Podeur, jean, du **Conquet.**

Espèce bovine.

Taureaux.

1er prix : un baromètre et 15 francs, — Mallabour, yves, de **Locmaria.**
2e prix : 20 francs, — Bilcot, guillaume, de **Plouarzel.**
3e prix : 15 francs, — Le Gléau, jean-marie, de **Plou-**arzel.

Mentions honorables.— Bro, de Lanrivoaré.
— Veuve Le Bihan, de Pouarzel.
— Poullaouec, stanislas, de Ploumoguer.

Vaches laitières.

1er prix : un baromètre et 10 francs, — Bonaventure, jean-marie, de Ploumoguer.
2e prix : 15 francs,— Cariou, jnseph, de Plouarzel.
3e prix : 10 francs,— Le Bihan, claude, de Plouzané.
4e prix : 8 francs, — Pellé, jean-marie, de Plouzané.
5e prix : 5 francs, — Cloatre, rené, de Ploumoguer.
Mentions honorables. — Toquin , jean-marie, de St.-Renan.
— Jonqueur , de Trébabu.
— Le Bihan , henri, de Ploumoguer.

Génisses.

1 er prix : 18 francs,— Kérébel , jean-marie , de Ploumoguer.
2e prix : 15 francs,— Menguy , guillaume , de Plouzané.
3e prix : 10 francs,— Léaustic, rené, de Plouzané.
4e prix : 8 francs,— Le Gléau, rené, de Ploumoguer.
5e prix : 5 francs,—Hunot, vincent, de Ploumoguer.
Mentions honorables. — Hall, guillaume.
— Milbeo, jean-marie.
— Gélébart, louis.
— Le Bihan, françois.

Espèce porcine.

1er prix : 15 francs,— Le Bras, joseph, de Plouarzel.
2e prix : 10 francs,— Bilcot, jean, de Ploumoguer.
3e prix : 10 francs,— Bescond, prigent, de St-Renan.
4e prix : 5 francs, — Bilcot, yves, de Plouarzel.

Animaux de basse-cour.

Prix : un coq et une poule Crèvecœur, — Mme Stéphan, de Saint-Renan.

Produits agricoles et horticoles.

Beurre.

1er prix : 5 francs, — Le Gall, gabriel, de Saint-Renan.
2e prix : 3 francs, — Bonaventure, de Ploumoguer.
3e prix : 2 francs, — Ogor, gabriel, de Saint-Renan.

Céréales, Racines fourragères, Légumes, Fruits, etc.

Prix : 5 francs, — Veuve Léost, de Saint-Renan.
Prix : 5 francs, — Le Maréchal, de Plougonvelin.
Prix : 5 francs, — Mével, maire de Saint-Renan.
Prix : 5 francs, — L'Hostis, de Plouzané.
Prix : 3 francs, — Forest, françois, de Plouzané.
Prix : 3 francs, — Perrot, hamon, de Plouzané.
Prix : 3 francs, — Veuve Hall, pierre, de St.-Renan.
Prix : 3 francs, — Quellec, du Conquet.
Prix : 3 francs, — Pellé, françois, de Plouzané.
Prix : 3 francs, — L'Hospice de Saint-Renan.
Prix : 3 francs, — Pelleau, armand, de St.-Renan.
Prix : 2 francs, — Le Maire de l'Ile Molène.
Prix : 2 francs, — Guérin, de Saint-Renan.
Prix : 2 francs, — Lucas, de Plouzané.
Prix : 2 francs, — Le Jeune, romain, de Saint-Renan
Prix : 2 francs, — Le Dot, de Saint-Renan.

XII.

Concours agricole de Ploudalmézeau.

Le comice de Ploudalmézeau a terminé, vendredi 14 octobre, la série des concours et des fêtes agricoles de l'arrondissement de Brest, commencée le 18 septembre, et sa fête a été digne de toutes celles qui l'ont précédée.

Comme dans les autres cantons, la journée a commencé par le concours de charrues.

Il y en avait 13 en ligne, 3 araires et 10 charrues du pays, dans un beau champ, à cent pas du bourg.

Ce concours, qui était le premier que l'on eût vu dans le canton, a eu un tel attrait pour les cultivateurs, qu'il a été impossible de faire marcher simultanément le concours des animaux reproducteurs. Les jurys, en effet, chargés d'examiner ces animaux, et les cultivateurs qui les avaient amenés pour les faire concourir s'étaient portés avec tant d'intérêt au champ du labourage que l'on n'a pu les rappeler à leurs opérations que quand les laboureurs ont eu terminé leur travail.

Ce concours de charrues a partout, pour la population, un attrait singulier. Le spectacle que présentait sous ce rapport le concours de Ploudalmézeau rappelait celui qu'ont offert les autres cantons et dans lequel ce qui frappe et touche le plus, c'est cette foule empressée où l'on voit réunis les propriétaires, les fermiers, les maires de nos communes, les recteurs de nos paroisses, les instituteurs, les hommes, les femmes, les enfans, les riches, les pauvres, tout ce qui constitue enfin la population d'un canton, avec ces habitudes de bienveillance et de cordialité mutuelles qui lui donnent en Bretagne l'aspect d'une grande famille.

Le travail des laboureurs a été très bien exécuté. Malheureusement plus on s'avance vers le
point extrême du continent , plus semblent
grandir les préventions contre les instrumens
perfectionnés et notamment contre l'araire. Pour
justifier ces préventions , on attaque l'araire ,
sans s'en douter, précisément par les côtés où
sa supériorité est reconnue. Ainsi on dit que
*l'araire ne convient point au canton de Ploudal-
mézeau, parce que les terres y sont lourdes ;*
tandis qu'il est démontré que si cet instrument ,
qui convient à toutes les terres , a un avantage
marqué, c'est surtout dans les sols argileux. Nous
avons entendu dire encore *que l'araire faisait
bien un bon travail, mais qu'il fatiguait beaucoup
les laboureurs et les chevaux.* Or c'est encore
par la facilité de la traction que se recommande
l'araire : tout en faisant des labours profonds
et en bouleversant complètement la terre , dont
la charrue du pays ne fait que déchirer la surface , il offre beaucoup moins de résistance et
exige beaucoup moins de traction que cette dernière, en même temps qu'il obéit avec une bien
plus grande facilité au laboureur qui sait le di-
riger.

Pour s'être laissé aller trop complaisamment
au plaisir du concours des charrues , on n'a pu
commencer l'examen des animaux qu'à 1 heure,
et, comme ils étaient nombreux , presque tous
fort beaux et par conséquent difficiles à juger,
l'ordre fixé par le programme pour les différen-
tes opérations de la journée en a souffert et la
distribution des prix n'a pu avoir lieu qu'un peu
tard. Les décisions des jurys, du reste, n'en
ont pas été prises avec moins de soin consciencieux ni moins de maturité.

L'espèce chevaline était représentée par 52
magnifiques jumens poulinières suitées et pouliches de un an à trois ans. Tout le monde
connaît la réputation du canton de Ploudalmézeau pour l'élève des chevaux. Ces 52 bêtes ,

qui étaient toutes de premier choix , donnaient une haute idée des progrès qu'accomplissent de plus en plus les éleveurs.

L'espèce bovine comptait 29 animaux qui attestaient que les soins donnés à l'espèce chevaline ne font point négliger la production du lait et du beurre , qui doit être encouragée et qui sera de plus en plus une source de profit dans un pays comme le nôtre , où le débouché joint ses avantages au climat.

L'espèce porcine , représentée par 8 animaux, ne mérite encore aucun éloge ; mais le moment approche où l'infusion du sang étranger va gagner de proche en proche , à partir de Ploudiry, où nous en avons vu déjà les remarquables effets , et changer l'état de chose regrettable qui existe encore sur tous les points de l'arrondissement , dans une partie si importante de l'économie rurale.

L'exposition des animaux de basse-cour était importante. Il y avait entre autres deux beaux lots de jeunes poulets exposés par Mlles Carof et M. Morio. Mlles Carof ont eu le prix de ce concours , c'est-à-dire un fort beau coq et une belle poule Crèvecœur.

L'exposition des produits agricoles semblait le couronnement achevé de ce concours cantonal, si remarquable dans toutes ses parties. Cette riche terre des côtes de Porspoder, de Landunvez , de Portsal , de Lampaul , de Saint-Pabu , etc., fait de la plus petite graine qu'on lui confie des plantes prodigieuses. L'énumération serait trop longue. Qu'il nous suffise de dire que pour les céréales, les plantes fourragères et industrielles, les monstrueux légumes , etc., etc., le canton de Ploudalmézeau ne craint la concurrence d'aucun autre.

Le vaste emplacement où avaient été méthodiquement disposées toutes ces belles choses, n'a cessé d'être visité par une foule qui s'écoulait et se renouvelait constamment.

Les jurys n'ont pu terminer leurs opérations qu'à 4 heures. La distribution des récompenses allait commencer ; M. le Sous-Préfet, M. le Président et le Bureau du Comice , les Autorités civiles et religieuses et les jurys avaient pris place sur l'estrade , la population du canton était assemblée à l'entour , quand tout à-coup une pluie torrentielle a fondu sur Ploudalmézeau. Cette pluie , certes , était de nature à mettre en fuite les gens les plus endurcis aux intempéries ; mais , chose caractéristique et qui donnera une idée de l'intérêt que nos populations rurales attachent à leurs fêtes agricoles, pas une des personnes présentes n'a changé d'attitude , et la distribution des récompenses s'est accomplie tranquillement et a suivi ses phases ordinaires comme s'il n'y avait rien eu de changé dans l'atmosphère. Le canton voulait surtout entendre proclamer le prix *à la famille agricole* , partout dans nos cantons, vraie couronne d'honneur et qui cause à la commune où réside le lauréat presque autant de fierté qu'il donne de joie et d'émotion au lauréat lui-même. C'est Landunvez, grande commune qui ne contient que des braves gens , c'est le bon cultivateur François QUÉRÉ , qui ont eu cette année cet insigne honneur. Le canton voulait aussi entendre nommer les deux bons serviteurs que le jury avait choisis, et ils étaient bien dignes de ce sympathique intérêt.

Voici , au surplus , l'ordre dans lequel les prix ont été proclamés :

Famille agricole.

Prix unique : une grande médaille d'honneur , en argent , à l'effigie de S. M. l'Empereur , —François QUÉRÉ, fermier de Tour-an-arvor, commune de Landunvez.

Serviteurs ruraux.

1er prix : une médaille d'honneur, — Briant, marie-anne, depuis 48 ans chez Jaouen , à Kerdialaès , commune de Ploudalmézeau.

2e prix : une médaille d'honneur. — Cadour, yves, depuis 45 ans dans la famille Thomas , commune de Ploudalmézeau.

Concours de Charrues.

1er prix : une médaille et un araire Bodin nº 3, de 55 francs , — Lhostis, françois, de Plouguin.

2e prix : 25 francs, — Jestin , antoine , maire de Plourin.

3e prix : 20 francs, — Tinevès , olivier , de Lampaul-Ploudalmézeau.

4e Prix : 10 francs, — Allençon , yves, de Plourin.

Mentions honorables : — Mazé, yves, de Ploudalmézeau.

— Richard , guillaume , de Ploudalmézeau.

— Castel, yves, de Plouguin.

— Le Gentil, jean, de Brélès.

Concours d'Animaux. — Espèce chevaline.

Juments poulinières suitées.

1er prix : 20 francs, — Lhostis, de Ploudalmézeau.

2e prix : 18 francs, — Le Fourn , rené , de Ploudalmézeau.

3e prix : 15 francs, — Cabon, jean , de Lampaul-Ploudalmézeau.

4e prix : 10 francs, — Héliès, gabriel , de Ploudalmézeau.

5e prix : 5 francs, — Cabon, françois, de Plourin.

Pouliches.

1er prix : 20 francs, — Fagon, de Plouguin.

2e prix : 15 francs, — Lhostis , de Ploudalmézeau.

3e prix : 12 francs, — Morel, jean-marie, de Ploudalmézeau.

4e prix : 10 francs, — De la Motte, de Plouguin.

5e prix : 8 francs, — Cozien, olivier, de Plourin.

6e prix : 5 francs, — Mouden, yves, de Lampaul-
Ploudalmézeau.

Espèce bovine.
Taureaux.

1er prix : 25 francs, — Morel, jean-marie, de Plourin.

2e prix : 15 francs, — Bégoc, françois, de Plourin.

Vaches laitières.

1er prix : 20 francs, — Kérébel, claudine, de Plourin.

2e prix : 15 francs, — Tinévès, olivier, de Lampaul-Ploudalmézeau.

3e prix : 10 francs, — Quéméneur , christophe, de
Ploudalmézeau.

4e prix : 5 francs, — Kerboul , françois, de Plourin.

Génisses.

1er prix : 18 francs, — Kermorgant, de Plourin.

2e prix : 15 francs, — Quéméneur, de Plourin.

3e prix : 10 francs, — Floch , françois , de Landunvez.

4e prix : 5 francs, — Cadour, yves, de Landunvez

Espèce porcine.

Verrats et Truies.

1er prix : 10 francs, — Kermorgant , françois , de
Plourin.

2e prix : 5 francs, —Léostic, jacques, de Plourin.

Animaux de basse-cour.

Prix unique : un coq et une poule Crèvecœur , —
Mlles Carof, de Ploudalmézeau.

Produits agricoles.

1er prix : — Tinévès, olivier, de Lampaul-Ploudalmézeau.

2ᵉ prix : — Nédélec, jean, de Ploudalmézeau.

3. prix : — Kermorgant. de Plourin.

4ᵉ prix : — L'Héuaff, yves, de Ploudalmézeau.

5ᵉ prix : — Leven, jean, de Plourin.

6ᵉ prix : — Le Bris, françoise, de Plouguin.

7ᵉ prix : — Bégoc, barbe, de Ploudalmézeau.

8ᵉ prix : — Keréneur, hervé, de Ploudalmézeau.

Mentions honorables : — Bernard, de Brélès.

     — Guiganton, jean-marie, de Tréglonou.

     — Le Gall , jean-marie , de Ploudalmézeau.

     — Collic , goulven , de Tréglonou.

     — Arzel , jean - marie , de Ploudalmézeau.

     — Ménès, hervé, de Ploudalmézeau.

     — Bervas, de Brélès.

     — Larvor, de Brélès.

A Ploudalmézeau, comme dans les autres cantons de l'arrondissement , la gendarmerie a fait son devoir avec beaucoup de zèle , d'intelligence et de modération. Sa mission n'avait d'autre but, du reste, que d'indiquer à la population les mesures d'ordre arrêtées par les commissaires de la fête, soit au champ du labourage, soit au concours des animaux , et de faire exécuter les recommandations de l'autorité, dans la soirée, à l'heure où tout étant terminé , il est bon que chacun rentre chez soi , afin que ces fêtes, instituées pour le bien des populations , ne soient pas attristées par le moindre désordre dans les cabarets ou ailleurs. Partout, nous sommes heureux de le dire, tout s'est passé à cet égard de la manière la plus convenable. Nos cultivateurs , il est vrai , qui sont les plus énergiques des hommes , en sont aussi les plus tranquilles et les plus soumis. Durs à eux-mêmes , soldats héroïques à la guerre, marins qu'aucune tempête n'a jamais fait trembler, comme les hommes vraiment forts ils sont bons et doux et se conforment à tout ce qu'on leur demande de juste. C'est donc plutôt pour faire une escorte d'honneur aux autorités et aux comices et pour donner plus d'éclat à la fête des cultivateurs, que l'on a vu dans chaque canton la gendarmerie en grande tenue, et même sur plusieurs points de l'arrondissement, notamment à Landerneau, à Daoulas et à Ploudalmézeau, de beaux détachemens de préposés de la douane, qui, par leur tenue, leurs évolutions militaires et les services qu'ils ont rendus aux comices, nous ont donné la meilleure idée de ce corps recruté en grande partie de jeunes soldats libérés, et si parfaitement organisé dans le Finistère, que l'on pourrait dans certaines circonstances s'en servir comme de vieilles troupes.

Le concours et la fête agricole de Ploudalmézeau font grand honneur à M. Guillard, président du comice, qui en a été l'âme et l'organisateur aussi habile que zélé. Mais aussi quel concours empressé n'a t-il pas trouvé chez l'excellent maire de Ploudalmézeau, toujours occupé de ce qui peut apporter quelque bien à la grande et belle commune qu'il administre avec tant de zèle et de succès ; chez M. le Juge de paix, dont le dévouement s'étend à tout le canton ; chez nos bons maires des autres communes qui étaient tous présens ; chez les commissaires de la fête et les membres des Jurys ; dans notre clergé enfin, si respecté et si aimé, et que nos populations rurales sont toujours assurées de trouver à leur tête, comme guide ou comme ami, dans toutes les circonstances importantes de leur vie ! M. le curé de Ploudalmézeau avait fait plus encore. Voulant donner un religieux commencement à cette première fête agricole du canton, il avait appelé dès le matin tous les cultivateurs à une messe dite dans sa grande et belle église, œuvre de son zèle et de mille peines non encore finies, et tous, répondant à son appel, avaient ainsi inauguré de la meilleure manière une institution qui, nous l'espérons, grandira d'année en année, pour le bien moral et matériel du canton, et demeurera toujours fidèle à cette première et solennelle invocation.

XIII.

Concours général des Juments poulinières

et

des Pouliches de l'arrondissement de Brest.

Lundi, 17 octobre, a eu lieu sur la place du Roi de Rome, aux portes de Brest, le Concours général institué depuis plusieurs années entre les juments poulinières et les pouliches de l'arrondissement de Brest qui sont toutes admises à venir se disputer les prix accordés sur les fonds de l'Etat et sur les fonds du département.

Ces prix s'élevaient cette année à la somme de 2,200 francs.

Les conditions étaient les suivantes:

Juments poulinières âgées de quatre ans au moins, suitées de produits provenant des étalons impériaux ou approuvés et saillies par eux;

Pouliches âgées de 3 ans et saillies par lesdits étalons.

Les juments de pur sang n'étaient pas admises au concours.

Outre les prix, les poulinières et les pouliches qui les obtiennent ont droit à être saillies gratuitement l'année suivante par les étalons du gouvernement.

Ce concours fort intéressant pour l'arrondissement de Brest qui produit une si grande quantité de chevaux a été très satisfaisant et l'ensemble a tellement frappé M. le Directeur du dépôt d'étalons d'Hennebont qu'il en a exprimé ses félicitations aux éleveurs.

Le nombre des animaux présentés était loin d'être en rapport avec la quantité considérable de juments poulinières que renferme l'arrondissement ; mais il faut considérer qu'à ce concours, institué déjà depuis plusieurs années et dont les éleveurs ont l'expérience, on n'amène que des bêtes de premier choix. Le temps, d'ailleurs, était mauvais, et il est difficile de conduire, de certains points de l'arrondissement fort éloignés, des juments accompagnées de jeunes poulains de l'année. 44 juments poulinières, toutefois, avaient été présentées, ainsi que 20 pouliches. La race est celle des chevaux de trait, d'artillerie et de poste, améliorée par l'introduction, dans une juste mesure, de pur sang, qui, sans rien lui ôter de sa rusticité ni de sa sobriété, tend à lui donner plus de légèreté et de distinction.

Le jury, composé de M. le Sous Préfet, de M. le Directeur du dépôt d'étalons d'Hennebont, de M. Charles de Kermenguy et de M. Henri de Pompery, a examiné avec soin pendant plusieurs heures les animaux présentés et a arrêté la répartition des prix qui ont été distribués ainsi qu'il suit :

Juments poulinières.

1er prix : 160 francs, — Lhostis, jean-marie, de Ploudalmézeau.

2e prix : 150 francs, — Berthou, yves, de Ploudaniel.

3e prix : 150 francs, — Lhostis, jean-marie, de Ploudalmézeau.

4e prix : 120 francs, — Léostic, rené, de Plouzané.

5e prix : 120 francs, — Bilcot, tanguy, de Plouarzel.

6e prix : 120 francs, — Mazé, jean, de Plougonvelin.

7ᵉ prix : 120 francs, — Duportzic, de Ploumoguer.
8ᵉ prix : 120 francs. — Le Guen, jean, de Gouesnou.
9ᵉ prix : 100 francs, — Paul, michel, du Folgoët.
10ᵉ prix : 100 francs, — Favé, de Ploudaniel.
11ᵉ prix : 100 francs, — Léon, françois, du Bourg-Blanc.
12ᵉ prix : 100 francs, — Cabon, jean, de Lampaul-Ploudalmézeau.
13ᵉ prix : 100 francs, — Falhon, de Tréglonou.
14ᵉ prix : 100 francs, — Cloâtre, rené, de Ploumoguer.
15ᵉ prix : 100 francs, — Fagon, de Plouguin.
16ᵉ prix : 100 francs, — Fourn, renan, de Ploudalmézeau.
17ᵉ prix : 100 francs, — Inizan, de Ploudaniel.
Mentions honorables : — Le Gléau, rené de Ploumoguer.
— Leven, ambroise, du Conquet.
— Cloâtre, rené, de Ploumoguer.
— Berthou, yves, de Ploudaniel.
— Cabon, françois, de Plourin
— Adam, louis, de Plabennec.
— Lhostis, gabriel, de Ploudalmézeau.

Pouliches.

1ᵉʳ prix : 100 francs, — Adam, louis, de Plabennec
2ᵉ prix : 70 francs, — Eliès, gabriel, de Ploudalmézeau,
3ᵉ prix : 70 francs, — Lhostis, jean-marie, de Ploudalmézeau.
Mentions honorables : Le Gall, de Plabennec.
— Salou, yves, de Ploudaniel
— Bonaventure, jean-marie, de Ploumoguer.

XIV.

Concours général des Étalons.

Mercredi, 2 Novembre, a eu lieu, à Landivisiau, suivant le mode adopté depuis quelques années, le Concours général des étalons des deux arrondissemens de Brest et de Morlaix réunis.

Les primes à distribuer s'élevaient à 2850 fr., auxquels devaient venir s'ajouter les subventions de l'administration des haras pour tous les étalons qu'elle jugerait dignes de son approbation, subventions qui varient de 200 fr. à 400 fr., et qui sont continuées chaque année tant que l'étalon les mérite.

Quatre-vingts étalons étaient venus se disputer ces primes et ces encouragements. Beaucoup étaient fort beaux. Pendant long-temps la foule a pris plaisir à les admirer. Le temps cependant était sombre, triste et froid ; mais il n'y a pas un cultivateur, dans le Léon, qui n'aime le cheval, qui ne l'élève et ne le caresse avec amour, qui ne s'intéresse surtout à ces solennelles exibitions qui mettent en vue les beaux types de notre race chevaline. Mais aussi en retour combien sont soumis à leurs conducteurs ces fiers animaux! Malgré l'excitation de la foule et du bruit, les hennissements et la longue attente, un mot breton, un geste, un regard suffisent pour calmer leur impatience et dompter leur ardeur. Nos cultivateurs les tiennent, les font courir, les montent même, comme en se jouant. C'est là qu'on voit la puissance qu'exerce l'homme sur les animaux, la puissance surtout des bons traitements et de la douceur.

Le jury, composé de MM. les Sous-Préfets des deux arrondissements de Brest et de Morlaix, M. le Directeur du dépôt d'étalons d'Hennebont, M. le Commandant de la remonte de Morlaix,

MM. L. de Kerjégu, Jégou du Laz, Fagon, Ch. et E. de Kermenguy, a consacré de longues heures à l'examen et au classement qu'il avait à faire. Après un long et scrupuleux travail, il a divisé les sujets dignes d'être primés en deux catégories : celle des étalons faits, auxquels il a affecté onze primes, et celle des poulains de 3 ans auxquels il en a réservé trois. Tous les étalons primés étaient des animaux de choix, très capables d'améliorer la race du pays ; mais parmi eux il y en avait un qui semblait un type accompli de l'étalon que l'on doit rechercher dans notre pays. Les spectateurs aussi bien que le jury lui avaient déjà par avance décerné le premier prix, et c'est la seconde fois qu'il le remporte ainsi aux applaudissemens de tous. Ce bel animal (*Hermion*, âgé de 5 ans, bai, carrossier) appartient à M. François Corre, de Lannilis, qui en est fier à juste titre et qui le soigne avec raison comme un animal précieux, puisqu'il lui rapporte tous les ans 400 francs de prime et 400 francs de subvention de l'Etat, sans compter le produit des saillies et une médaille d'or de 100 francs qui lui a été décernée cette année au nom de S. Exc. M. le Ministre de l'agriculture.

Le concours du 2 novembre dernier fait honneur aux éleveurs, surtout à ceux de l'arrondissement de Morlaix qui avaient présenté de très beaux animaux et en grand nombre. Il a montré surtout combien a été excellente et déjà féconde en résultats, la direction imprimée sur tous les points par M. le Directeur du dépôt d'étalons d'Hennebont, dont la science et la persévérance ont engagé notre pays dans la vraie voie de progrès qu'il devait suivre. Aussi n'y a-t-il pas dans les deux arrondissemens de Brest et de Morlaix un éleveur qui ne rende en gratitude à M. Drieu ce qu'il a donné à ce pays de dévouement et d'intérêt.

Voici l'ordre dans lequel ont été décernées les primes de 1859 :

Etalons.

1re prime : 400 fr. — Corre , françois , de Lannilis, pour *Hermion.*

2e prime : 300 fr. — Soubigou, joseph , de Plounéventer, pour *Bijou.*

3e prime : 250 fr. — Mercier, yves, de Plougoulm, pour *Surcouf.*

4e prime : 250 fr. — Ollivier, jean, de Sibiril, pour *Anténor.*

5e prime : 200 fr. — Grall, charles, de Plounévez, pour *Grey-Shales.*

6e prime : 200 fr. — Caill, antoine, de Plouzévédé, pour *François II.*

7e prime : 150 fr. — Marc, yves, de Plouescat, pour *Peschard.*

8e prime : 150 fr. — Péron , yves , de Mespaul, pour *Grey-Shales.*

9e prime : 100 fr. — Le Jeune , vincent , de Sibiril, pour *Invisible.*

10e prime : 100 fr. — Choppin , jean-marie , de Saint-Thonan, pour *Favori.*

11e prime : 100 fr. — Cadiou, pierre, de Cléder, pour *Favori.*

Mentions honorables.

Le Jeune, vincent, de Sibiril, pour *Anténor.*

Caill, antoine, de Plouzévédé , pour *Bucéphale.*

Bilcot, guillaume, de Plouarzel, pour *Rimini.*

Caill, antoine, de Plouzévédé, pour *Anténor.*

Corre, françois, de Lannilis, pour *Bijou.*

Pinvidic, paul, de Goulven, pour *Gobillard.*

Soubigou, de Plounéventer, pour *Jean-Bart.*

Péron, yves, de Mespaul, pour *Bijou.*

De Rusunan, de Plounéan , pour *Brillant.*

Marc, yves, de Plouescat, pour *Grey-Shales.*

Poulains de 3 ans.

1re prime : 300 fr. — Péron, yves, de Saint-
Pol-de-Léon, pour *Cosaque.*

2e prime : 200 fr. — Caill, antoine, de Plouzévédé, pour *Bécasse.*

3e prime · 150 fr. — Cabic, pierre, de Cléder,
pour *Héro.*

Mentions honorables.

Le Roux, alain, de Landivisiau, pour *Bijou.*

Mercier, yves, de Mespaul, pour *Brillant.*

XV.

Instruments perfectionnés.

Les instrumens perfectionnés se répandent
dans tous les pays. Avec eux on fait un meilleur travail, on emploie moins de bras. Il devient
urgent de les introduire dans toutes nos fermes.
Il n'en faut du reste qu'un petit nombre, bien
choisis, pour suffire à tous les besoins de notre culture, pour améliorer ou pour accélérer
le travail. Avec un araire, une herse et un rouleau, on peut exécuter tous les labours d'une
ferme ordinaire, d'excellents labours ; avec un
semoir et une houe à cheval, on peut adopter
les méthodes de culture les plus perfectionnées
et, avec beaucoup moins de temps et de fatigue, augmenter les récoltes ; avec un tarare,
un coupe-racines, etc., on économise le temps
et les bras.

Une courte notice sur chacun de ces instruments va les faire connaître.

Araire.

Notre charrue bretonne, avec son soc pointu,
déchire la terre au lieu de la couper et épargne

toutes les racines des mauvaises herbes. Pour frayer le passage à son énorme versoir, on est forcé de pencher la charrue sur le côté. Il en résulte que la bande de terre n'est pas coupée verticalement et qu'il reste de la terre non labourée entre chaque bande. Elle exige en outre un fort tirage. Il est impossible d'arriver à aucune amélioration dans nos cultures avec un pareil instrument.

L'araire sans avant-train est au contraire un instrument excellent. Il exige moins de force ; il permet de labourer aussi profondément qu'on le veut, à 15, 20 ou 30 centimètres, sans craindre de le briser ; il ouvre une raie horizontale de 33 centimètres de largeur, sans laisser échapper une seule racine ; il se prête bien à la volonté du conducteur et peut labourer facilement un terrain inégal sans qu'on ait besoin de changer le régulateur à chaque inégalité du sol.

L'araire n° 2 est celui qu'on emploie dans les terres fortes ; le n° 3 dans les terres légères. Deux chevaux suffisent pour l'araire n° 3.

Les araires les mieux faits et les plus solidement construits ne se vendent pas plus de 60 francs le n° 2 et 50 francs le n° 3.

Voici la manière de faire fonctionner l'araire :

Pour faire entrer le soc dans la terre, on soulève les manches ; pour le faire sortir ou prendre moins de profondeur, on appuie sur les manches.

Pour prendre plus de largeur de raie, on incline légèrement la charrue à droite, en appuyant sur le manche droit.

Pour diminuer la largeur de la bande, on incline légèrement à gauche, en appuyant sur le manche gauche.

Le labour est d'autant plus profond qu'on élève davantage le régulateur

Si les traits d'attelage sont trop longs, l'araire entre trop profondément dans le sol ; s'ils sont trop courts, il tend à en sortir.

Les laboureurs qui ont acquis l'habitude de se servir de l'araire ne veulent plus d'aucune autre charrue.

Herse.

La herse fait dans la grande culture le même travail que le râteau dans la petite. Les dents doivent être en fer ; elles brisent et ameublissent parfaitement la terre et servent à enterrer les semences.

La herse Valcourt est la meilleure, et au prix de 30 francs on en a une excellente et solide, avec dents en fer et bâti en bois.

Rouleau.

Le rouleau est un instrument encore à peu près inconnu dans l'arrondissement. Il peut rendre cependant de grands services. C'est un cylindre en bois, en pierre ou en fonte. On s'en sert pour écraser les mottes de terre après le labour et pour dresser le sol avant ou après les semailles. Il fait en peu de temps le travail très long dit *piquellage*, qui consiste à écraser les mottes avec la houe à la main. Dans les sols légers, après l'ensemencement, il est très utile pour affermir le sol. Au printemps, quand les terres sont assez ressuyées, on le fait passer sur les avoines pour les raffermir, et sur les froments afin d'écraser les mottes de terre. Les jeunes plantes font alors de nouvelles racines, deviennent plus vigoureuses et donnent une plus belle récolte.

Il ne faut pas employer le rouleau lorsque la terre est humide.

La longueur du rouleau ne doit pas dépasser 1^m.30 ; son poids doit être de 250 à 400 kilogrammes. Plus le diamètre est grand, moins il y a de tirage.

C'est un instrument qu'on peut faire faire partout à très bon marché. Tous les cultivateurs voudront en avoir quand ils s'en seront servis une fois.

Semoir.

Les semailles en lignes des racines fourragères , betteraves , panais , carottes , rutabagas ,
etc., et des céréales , froment , orge , avoine ,
etc., sont adoptées de plus en plus par les bons
agriculteurs. Par cette nouvelle méthode de culture, on emploie beaucoup moins de semence
(un hectolitre de froment par hectare), et on a
des récoltes beaucoup plus considérables. Pour
appliquer cette méthode à la grande culture , on
a inventé des instruments qu'on nomme *semoirs*.
Il y en a de plusieurs sortes. Le plus simple et le
moins coûteux est le semoir à brouette. Il sème
une ligne à la fois et coûte 40 fr. Il est un autre
semoir bien supérieur, le semoir Bodin, auquel
on attelle un cheval, qui sème trois lignes à la
fois de céréales ou d'autres graines , à la distan-
ce que l'on veut, et qui coûte 120 francs. C'est
un instrument excellent qu'on apprend vite à
conduire, qu'on règle avec une grande facilité et
avec lequel on sème rapidement une grande
étendue de terrain.

Houe à cheval.

La houe à cheval est le complément naturel
du semoir. On s'en sert pour détruire les mauvaises herbes et ameublir le sol entre les lignes
des plantes sarclées. Il faut la faire passer avant
la trop grande croissance des mauvaises herbes.
Deux hommes et un cheval font , avec cet instrument , rapidement et sans fatigue , les sarclages qu'on ne pourrait faire à la main qu'avec
beaucoup de temps et beaucoup de bras. Le
prix de cet instrument est de 45 francs.

Tarare.

Le tarare, que l'on appelle aussi ventilateur,
est encore peu connu dans l'arrondissement ;
mais il est aujourd'hui devenu très commun
dans d'autres pays. Il sert à vanner et à nettoyer
les grains. Son emploi épargne beaucoup de

temps et de peines et fait un travail bien supérieur. On a un grand, solide et fort tarare pour 50 francs.

Coupe-racines.

Comme le tarare, le coupe-racines a pour objet d'éviter de la peine, d'employer moins de de bras et de temps dans une ferme où l'on a un certain nombre d'animaux à nourrir. Avec un coupe-racines à disque en fonte de 50 francs, une personne peut couper toutes sortes de racines, betteraves, panais, carottes, rutabagas, pommes de terre, etc., en peu de temps, pour un grand nombre d'animaux.

XVI.

Assolements.

On entend par assolement l'ordre dans lequel on fait succéder les cultures sur le même sol pendant un temps déterminé.

Pour bien comprendre l'importance de l'ordre à établir dans ces cultures, il faut considérer ce qui suit :

1º Toutes les plantes qu'on laisse mûrir sur le sol (froment, seigle, orge, avoine, haricots, lin, etc.), épuisent la terre ; en outre, elles la salissent, parce qu'elles permettent aux mauvaises graines de germer et de se ressemer ;

2º Les fourrages au contraire épuisent peu la terre et souvent même l'améliorent en y laissant de nombreuses racines, des débris et des feuilles, comme fait le trèfle. En outre, ils nettoient le sol, en étouffant les mauvaises herbes, qui sont d'ailleurs coupées par la faulx avant de faire de la graine, si par hasard elles se développent ;

3° Les racines et autres plantes qui exigent de larges fumures et des sarclages améliorent le sol, parce qu'elles ne consomment pas tout l'engrais qu'on leur a donné et qu'ensuite les binages et les sarclages détruisent les mauvaises herbes.

De ce qui précède, on a déduit et la pratique a prouvé que, pour maintenir le sol dans un bon état de fertilité et de propreté, et pour en tirer constamment un bon produit, il fallait faire précéder et suivre une récolte épuisante et salissante par une récolte améliorante et nettoyante. C'est ce que l'on a nommé *l'assolement alterne*, c'est-à-dire la culture où l'on *alterne*, où la même récolte, la même famille de plantes, ne viennent pas deux fois de suite.

En voici un exemple :

Première année : Betteraves, panais, carottes, rutabagas, navets, choux, colza, pommes de terre, ou tout autre plante sarclée avec forte fumure, ou sarrazin également fumé.

Deuxième année : Céréales de printemps (avoine, orge ou froment) et trèfle, ou autre fourrage, sans engrais.

Troisième année : Trèfle ou autre fourrage, sans engrais.

Quatrième année : Froment d'hiver sur trèfle rompu, ou avoine dans les terres légères peu fertiles, sans engrais.

La fumure de la première année suffit à toutes ces récoltes. Cependant, lors de la première application de cet assolement, si les terres ne sont pas encore parvenues à un état suffisant de fertilité, on donne une demi-fumure au froment sur trèfle rompu.

Après cette quatrième année, sans laisser aucun repos à la terre, on recommence la rotation dans le même ordre : plantes sarclées fumées, céréales de printemps, etc., etc., et par ce système on arrive à d'abondantes récoltes, en ne fumant cependant chaque année qu'un quart des terres en culture.

Si l'exploitation est trop étendue pour qu'on puisse diviser les terres en quatre soles toujours cultivées, ou si l'on n'a pas assez d'engrais, ou si les terres sont peu fertiles, on peut étendre l'assolement et le porter à 5, 6 et même 7 ou 8 années, ce qui divise l'exploitation en un égal nombre de soles et tient toutes les terres constamment en rapport avec peu de frais. Pour opérer cette modification, il suffit de semer avec la céréale de la quatrième année un mélange de fourrages, tels que ray-grass, trèfle blanc, lupuline, etc., que l'on fauchera pour le bétail la cinquième année,et que l'on fera pâturer ensuite pendant une, deux ou trois années, avant de recommencer la rotation.

Dans les bonnes terres, si l'on veut en obtenir le plus de produit possible, après l'assolement de 4 ans dont nous avons parlé plus haut, c'est-à-dire après le froment sur trèfle rompu, on sème, la cinquième année, du colza avec demi-fumure, et la sixième année, du froment d'hiver sans engrais. On a ainsi un assolement de six ans qui convient aux bonnes terres et leur fait donner de riches récoltes qui recommencent et continuent toujours sans jamais lasser la terre.

Tels sont les principes qui doivent servir de base à tout bon système de culture. Sans eux, le progrès agricole est impossible.

L'assolement triennal, généralement adopté dans l'arrondissement, est tout-à-fait contraire à ces principes. Dans cet assolement triennal on fait succéder immédiatement plusieurs récoltes de céréales, qui ont pour résultat de salir et d'épuiser tellement le sol, qu'au bout de quelques années il devient tout-à-fait improductif. Les cultivateurs disent alors qu'il a besoin de repos.

Cette succession de céréales, qui est contraire à la nature, est ruineuse dans les terres médiocres, mauvaise même dans les bonnes terres, et ne peut être appliquée , par exception, que sur la côte où l'on peut réparer les pertes par d'abondants engrais de mer.

Avec l'assolement alterne de quatre ans , au contraire, on a après une belle récolte de racines un grain de printemps, un trèfle , un froment d'hiver, tout cela avec une seule fumure et pour deux labours. Notez encore que les grains ainsi cultivés produiront un tiers en plus que s'ils se succédaient sans interruption comme dans l'assolement triennal actuellement suivi.

L'assolement alterne ! voilà le mot d'ordre que doivent se donner tous les cultivateurs. Laborieux, intelligens et capables comme ils sont dans l'arrondissement de Brest , ils peuvent tous l'adopter, tous, dans tous les cas, peuvent dès à présent en faire l'essai, ne serait-ce que sur un hectare ou un demi-hectare.

Le jour où cet assolement sera pratiqué dans toutes les fermes, l'agriculture bretonne n'aura plus rien à envier à aucun pays.

FIN.

Brest, Imp. E. ANNER, Rampe, 55.

BIBLIOTHEQUE NATIONALE DE FRANCE

3 7531 04130670 6

www.ingramcontent.com/pod-product-compliance
Lightning Source LLC
LaVergne TN
LVHW020144070726
842527LV00017B/1296